课堂上听不到的神奇化学知识

王维浩◎编著

中国纺织出版社

内容提要

翻开本书，你将开始一段奇趣的知识旅程！本书不再充满单调的理论、枯燥的化学方程式，而是以小故事、趣味推理、生活现象等多种形式为内容，让你走进生活中无处不在的神奇化学世界，跳出传统的学习模式，调动你全部的学习兴趣，培养你利用已学知识作为“工具”，解决问题的学习能力。本书内容丰富，版式新颖，并配以活泼有趣的插图，以及趣味十足的化学知识小游戏、小问题，在启发思维、激发想象力、开发创造力的同时，带你轻松遨游化学知识的海洋，为你开启学习的另一扇窗！

图书在版编目（CIP）数据

课堂上听不到的神奇化学知识 / 王维浩编著. —北京：中国纺织出版社，2014.6 （2024.1重印）

（小牛顿科学馆）

ISBN 978-7-5180-0320-4

Ⅰ.①课… Ⅱ.①王… Ⅲ.①化学—儿童读物 Ⅳ.①06-49

中国版本图书馆CIP数据核字（2014）第000756号

责任编辑：宋 蕊　特约编辑：付 晶　责任印制：储志伟

中国纺织出版社出版发行

地址：北京市朝阳区百子湾东里A407号楼　邮政编码：100124

销售电话：010—87155894　传真：010—87155801

http: //www.c-textilep. com

E-mail: faxing@c-textilep. com

官方微博http://weibo.com/2119887771

北京兰星球彩色印刷有限公司　各地新华书店经销

2014年6月第1版　2024年1月第3次印刷

开本：710×1000　1/16　印张：11.5

字数：97千字　定价：39.80元

前言

QIAN YAN

“小牛顿科学馆”丛书共分为四册：《课堂上听不到的奇趣生物知识》、《课堂上听不到的奇妙物理知识》、《课堂上听不到的神奇化学知识》、《课堂上听不到的趣味数学知识》。

本套丛书避开教科书的枯燥理论，将课堂上应学应会和课堂以外应知的相应科学知识通过趣味推理小故事和生活中的奇趣现象等实例引出，向小读者讲解相关的科学知识、常识，引导小读者关注隐藏在我们身边的科学知识，激发他们的学习兴趣，启发他们的思维。本套丛书内容丰富，版式新颖，并配以活泼可爱的插图，更增添了一些有趣的科学小游戏和激发创造力的小问题，让小读者在充满轻松趣味的氛围中学到知识、巩固知识、运用知识，同时打开小读者们的思维，帮助他们构建科学知识与日常生活之间的联想，开拓他们的想象力，在潜移默化中培养他们科学的思维方法、有效解决问题的方法以及学习、生活中必不可少的创造力！

同学们，你们知道吗，当你们翻开本书的时候，将开始一段有趣的知识旅程！本书不再是单调的理论、枯燥的化学方程式，而是以小故事、趣味推理、生活现象等多种形式为内容，让你走进生活中无处不在的神奇化学世界，跳出传统的学习模式，调动你全部的学习兴趣，培养你利用已学知识作为“工具”，解决问题的学习能

力。

本书在带领你品味奇妙故事的同时，使你获得更多的知识；在启发你的思维、想象力，开发创造力的同时，带你轻松遨游化学知识的海洋，为你开启学习的另一扇窗！

编著者

2014年3月

contents

一 令人着迷的化学元素

二 生活大搜索——那些神奇的小秘密

三 当疯狂的化学遇上工业

四 你好，化学探长

五

那些关于化学的奇闻趣事

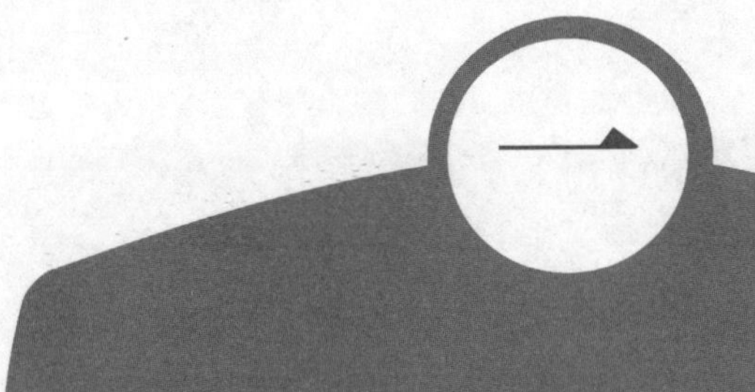

一 令人着迷的化学元素

1.失踪的化肥

有一位农民，脑子比较灵活，他喜欢做时令生意，水果下来时他就卖水果，农忙时期他就卖化肥，冬天就卖蔬菜。

这一年夏天，他批发了5000斤化肥，放在自家院子的仓库里。他想等到明年的春天再卖出去，那时化肥的需求量大，一定能卖个好价钱。

第二年的春天，他的化肥很快被卖完了，可他在算账时却发现少了500斤化肥，这是怎么回事呢？他来到仓库里，没有发现被盗的痕迹。再说，家里一直是妻子在看管，化肥不会被偷走，而且妻子也不可能拿自己家的东西，卖化肥时，更不会看错秤，即使看错了，也不会错那么多呀！分析来分析去，就是找不到原因。没有办法，这个农民只好自认倒霉了。

那么，小朋友，你知道这个农民的化肥是怎么丢失的吗？

科学揭秘

这位农民的化肥是自己“跑”掉的。

原来，这位农民进的是一种叫碳酸氢铵的化肥。碳酸氢铵在20℃常温下基本不变，一旦超过30℃，就会分解，生成气体逃到空气中。这位农民进化肥的时间是夏天，夏天气温高，加上空气潮湿，这种化肥就会分解进入到大气中，所以化肥少了许多。

反应方程式为：

$NH_4+CO_3═NH_3↑+CO_2↑+H_2O$

知识链接

碳酸氢铵简称碳铵，是目前施用较普遍的肥料品种之一。碳铵含氮17%左右，为白色细粒，结晶体，有强烈的氨臭味，易溶于水，肥效迅速，它的水溶液呈碱性反应。干燥的碳铵在20℃以下基本稳定，当温度升高且空气湿度较大时易吸湿分解，造成氨的挥发而损失氮素。

碳铵不能和钙镁磷肥或草木灰混合，因为后两种肥料都是碱性的，混合后会加速碳铵分解而损失氮素。

化肥

2.老人是怎么自杀的

一位左腿被截肢的老人吊死在寓所里，一天以后才被人发现。尸体距地板大约80厘米。如果是自杀的话，应该有凳子一类垫脚的物体，可是现场却没有。老人只有一条腿，他无论如何是不可能跳起来把绳子套在自己脖子上的。因此，警方断定是他杀。

那位老人在死前两个多月曾投了高额人寿保险。从现场看，门是从屋里锁上的，完全处于一种与外界隔绝的状态。保险公司怀疑，死者是为了把保险金留给他的独生女而伪装成他杀。于是，法拉侦探事务所进行了调查。

小个子名探法拉随即来到警察署查阅了现场检查记录。他发现，在死者的尸体下面有一个空的纸制包装箱，他认为：老人不可能踩着空箱子上吊；如果箱子里装着冰，踩上去就塌不了；已经一天多了，冰也该化了，可是，箱子和地面又没有潮湿的痕迹。换气扇虽然开着，但地板却不能在这一天多的时间里完全干透。这一判断警方也不能接受。法拉却认为这一判断是正确的，老人是把自杀伪装成他杀。

那么，死者到底是踩着什么上吊的呢？

科学揭秘

老人是利用干冰的特性上吊自杀的。他确实是用那个纸包装箱作为上吊的垫脚物的。不过，他在箱子里放了一块干冰。干冰非常坚硬，可以放心地当凳子用。同时，由于气化作用，当尸体被发现时，干冰已消失得无影无踪了，而箱子和地板是不会湿的。干冰在气化过程中产生的二氧化碳气体则被换气扇抽到了室外。

知识链接

干冰就是二氧化碳的固体状态，它在零下80℃就会沸腾。正因为干冰是极其冰冷的东西，所以人一接触到它，就会造成严重的冻伤，因此，用手指直接接触干冰，是十分危险的。

考考你

小华把干冰装在一个瓶子里带走，你认为小华这样做对吗？为什么？

答案

不对。干冰被装在瓶子里密封，会发生爆炸。因为干冰是二氧化碳的固体状态，在零下80℃就会沸腾。

3.诺贝尔破凶杀案

诺贝尔是瑞典的一名化学家，举世闻名的炸药发明者。

一天晚上，天气闷热。研究所的助理员汉森突然在值班室被炸死了。诺贝尔赶到现场，看见值班室的地板上有许多被炸碎的厚玻璃片和一块直径15厘米的石头。地板上还有一个直径很大的被震碎的玻璃瓶底。瓶盖上拴着根打着结的钢琴弦。诺贝尔捡起一块碎片嗅了嗅，有酒精的味道。可现场并没有爆炸危险品硝化甘油，也没有火药，更没有燃烧过的痕迹，这爆炸又是从何而起呢？

诺贝尔知道与汉森同时值班的还有一个夜班警卫，便把他叫来。

警卫知道由于自己擅离职守闯了大祸，害怕地说："在九点钟左右，艾肯先生在加完班回家的时候，说请我去吃夜宵，我想反正有汉森先生值班，我便跟他到村里一家饭店里去了。我和艾肯先生分手回到厂里，已经近11点，才发现值班室的玻璃窗像是被震坏了，我……"

艾肯是所里研究液态硝化甘油冷冻的技术员。诺贝尔听说是他把警卫约出去的，立即警觉到爆炸与艾肯有关，因为诺贝尔知道他和汉森都爱着厂里的一位漂亮姑娘，他们两个是情敌。

"凶犯肯定是艾肯。他是借这场爆炸事故来掩盖他消灭情敌的真相。这倒是一个很巧妙的发明。"

然而，这"发明"却瞒不过有科学头脑的诺贝尔。在诺贝尔入情入理的分析面前，艾肯无法抵赖，终于被押上了审判台。

那么，你知道这到底是怎么回事吗？

科学揭秘

原来，艾肯一直嫉恨他的情敌汉森，早想杀死汉森。为了逃避罪责，他利用冷冻方面的知识，在一个厚厚的玻璃瓶中放满水，密封后放在化学实验用的大口玻璃瓶中，再在密封的玻璃瓶四周放满了干冰和酒精。把大口瓶盖上盖子，盖子上又压了一块石头，并且用钢琴弦牢牢地将石头扎紧在瓶盖上。当轮到汉森值班时，他偷偷地把玻璃瓶放在值班室内的书架上。干冰和酒精掺和在一起，当温度超过零下80℃时，密封的玻璃瓶就会爆炸，连同实验用的大玻璃瓶的碎片，能像炸弹一样飞出来伤人。汉森反正已经睡熟，警卫又被艾肯叫走，消灭情敌的目的就这样达到了。

玩一玩

往玻璃杯中倒入大半杯红茶。用餐匙取几匙柠檬汁，加到红茶中。稍过一会儿，仔细观察红茶的变化。

答案

红茶褪去了颜色，变成了一种透明的液体。

柠檬酸是一种“漂白剂”，会和红茶中的色素发生化学反应，使之褪色。

4.谁炸毁了锅炉

这是一个寒冷的冬天。

有一个工厂的设备像往常一样运行着。其实这个工厂没有什么特别的产品，它是一个专门为居民供暖的工厂。

这天快临近中午的时候，突然传来一声巨烈的爆炸声，这家工厂的锅炉发生了爆炸，幸好当时周围没有工人在场，无人伤亡。

锅炉为什么会突然发生爆炸呢？警方立即着手调查。调查发现，这起爆炸不是人为的破坏，也不是操作不当，没有人违规操作，而且锅炉使用得也不是太久，只有两年的时间。这究竟是怎么回事呢？

后来经专家们鉴定，才找到了锅炉爆炸的原因，原来是没有及时清洗锅炉里的水垢。

这个调查结果令工厂的许多工人十分纳闷儿，难道没有清洗锅炉就会引起爆炸吗？

科学揭秘

一般来说，天然的水中都含有一些杂质，在水烧热后，水中的杂质就会沉淀下来。时间长了，这种沉淀越积越多，形成了厚厚的水垢。水垢的导热能力极差，当“水垢”积到一定程度时，就会剥落下来，这样，锅炉中有的有“水垢”，有的没有“水垢”，由于受热程度相差太大，随着温度的升高，锅炉中散热不好的部分迅速膨胀，最后引起了锅炉的爆炸。简单地说，由于“水垢”，锅炉受热不均，所以锅炉会发生爆炸。

知识链接

暖水壶与暖水瓶使用一段时间后，其内壁就会积满一层白色的水碱，除大部分为碳酸钙、碳酸镁外，还含有多种有害的汞、镉、铅、砷等元素，如不及时清除，反复用来烧水、装水后，有害元素越积越多，并再次溶于水中。当人们饮用后就直接进入人体，从而引起人体慢性中毒，甚至致癌或致畸，严重危害人体健康。

拓展眼界

在暖水瓶里倒入一些食醋或啤酒后，旋转着摇晃洗刷瓶胆，即可溶去附着在瓶胆上的水碱，再用清水冲洗几次就可使暖水瓶光亮如新。

5.智擒盗贼

一家珠宝店来了两位顾客，老板急忙迎了上去，并带两位顾客去看刚进的一颗价值不菲的钻石。

两位顾客见了那颗钻石，连连发出啧啧的赞叹。后来，老板又把他们请到客厅里喝茶聊天，自己才小心翼翼地用糨糊在木盒上贴上封条。

在客厅里，他们愉快地高谈阔论，非常投入。期间，一位顾客借上厕所之机，偷走了那颗钻石。当佣人将钻石被盗的消息告诉老板后，老板命令佣人悄悄地去报警。

十五分钟后，警察到了，看了看珠宝箱，又看了看两位顾客，其中一位顾客的手指受伤涂了药水，于是警察对其中一位说："你涉嫌盗窃，跟我们走一趟。"只见这位顾客低着头说："我坦白，钻石是我偷的。"

为什么警察看了这位顾客一眼，就知道钻石是他盗的呢？

科学揭秘

原来，这位顾客手指有伤，并涂了碘酒，而封条是用糨糊粘的，里面含有淀粉。碘酒与淀粉接触就会发生化学反应，生成一种蓝色物质。警察就是靠小偷手上的蓝色斑点来破案的。

知识链接

淀粉属于多糖类，它遇到碘元素的时候，会发生反应，生成的物质显蓝色。其反应的本质是生成了一种包合物，这种新的物质改变了吸收光的性能而变了色。天然的淀粉组成可以分为两类：直链淀粉和支链淀粉。直链淀粉分子量较小，在50000左右，可溶于热水形成胶体溶液。它与碘酒作用显蓝色，但较短的直链则呈现红色、棕色或黄色等不同颜色。

支链淀粉分子量比直链淀粉大得多，在60000左右，不溶于水，它与碘酒作用显紫色或红色，所以，淀粉遇碘酒究竟显什么颜色，取决于该淀粉中直链淀粉与支链淀粉的比例。

拓展眼界 碘酒由碘、碘化钾溶解于酒精中制成。市售碘酒的浓度为2%。碘酒可以杀灭细菌、真菌、病毒、阿米巴原虫等，可以用来治疗细菌性、真菌性、病毒性等皮肤病。

6.中毒的小猫

古时候，一个奸臣想篡位，于是他想先杀害皇帝，再起兵造反。可是，他无法接近皇帝，有事上朝时，文武百官都在，根本下不了手，即使下了手，众目睽睽之下，别说篡位了，恐怕连自己的小命都保不住。于是，他又想出了一条毒计，花钱买通了为皇帝做饭的厨子，在皇帝的饭菜中下毒。

有一天，这个厨子在皇帝的饭菜里事先下好了毒，贴身的太监把皇帝爱吃的饭菜恭恭敬敬地递了上去。这时，皇帝看见侍女抱着自己最疼爱的小花猫，一时兴起，就命令侍女拿了一条红烧鱼给小花猫吃，想不到小花猫刚吃几口就两只爪子一伸，中毒而死。贴身太监急了，拿起皇帝的银汤匙，往别的菜里一插，发现银汤匙变黑了，皇帝见了大吃一惊，龙颜大怒，于是把奸臣和厨子打入死牢。从此以后，不仅皇帝自己，就连皇帝的嫔妃也用银碗银匙做食具。

那么，你知道用银做食具有什么好处吗？

科学揭秘

在古代帝王的宫室中，银制的食具的确屡见不鲜。在银碗里盛放牛奶，可以保持几个月不变质。这主要是因为银具中含有银离子，具有很强的杀菌作用，故而食物不易腐败。用银器查毒，主要是利用银器与一些有毒物质接触时，会生成黑色硫化银附着在银器上这一显著特点，使人们一看就知道银器中的食物是否有毒。所以，皇宫里使用银具，不仅能防毒，还能杀菌、有益健康呢！

知识链接

银在地壳中的含量很少，在自然界中有单质的自然银存在，但主要以化合物状态产出。银是面心立方晶格，塑性良好，延展性仅次于金。银的化学稳定性较好，在常温下不氧化。但在所有贵金属中，银的化学性质最活泼，它能溶于硝酸，生成硝酸银；易溶于热的浓硫酸，微溶于热的稀硫酸。

拓展眼界

银在所有金属中是最好的电和热的导体。银在电子工业中最重要的用途是提供厚膜涂层，最普遍的是银钯合金用于丝屏蔽回、多层磁电容器和制造水下开关。涂银薄膜用在汽车电热挡风玻璃中以及用在导电黏合剂中。

在医院、边远地区和家庭的水净化系统中，银用作杀菌和除藻剂。

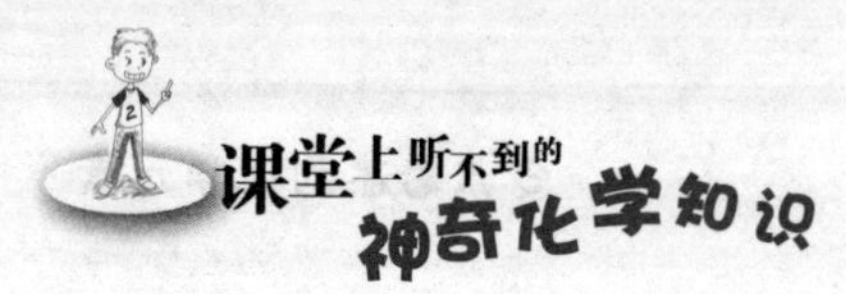

百货公司里一名女售货员死了，而且是死在了自己的卧室里。

女售货员是个财迷心窍的人，听说她常借钱给同事，然后收取高额利息，干着放高利贷的营生。对不能按时还钱的人，她竟索取服饰品、礼服等作为抵押，所以人人都痛恨她。然而，对于她的死，有人怀疑是谋杀。

警察做了现场勘查，死者是死在自己卧室的床上，没有打斗的痕迹，而且窗户都上着锁，门也是从里面挂着门链的。警察在进门时，闻到室内有一股怪味，这时他发现死者的嘴唇呈樱桃红。警察断定，死者是中毒而死的。

那么，你知道死者是如何中毒而死的吗？

科学揭秘

售货员是因天然气泄漏事故意外中毒死亡。死者嘴唇呈樱桃红，这是一氧化碳中毒的特殊表现。

知识链接

煤、天然气和液化气在燃烧不充分或泄漏时，会释放出一氧化碳气体。一氧化碳气体会“抢走”红细胞中的血红蛋白。它和血红蛋白的结合能力比氧气大得多，当人体吸入了一氧化碳气体时，血红蛋白就会被一氧化碳气体占据，无法再运输氧气了。时间一长，人就会头昏、恶心、昏睡、四肢无力，出现缺氧的症状，严重的甚至使人窒息死亡。

拓展眼界

在通常状况下，一氧化碳是无色、无臭、无味、难溶于水的气体，有剧毒，熔点-199℃，沸点-191.5℃。标准状况下气体密度为1.25g/L，和空气密度相差很小，这也是人容易发生煤气中毒的因素之一。

8.凶手是谁

1952年12月5日至8日，英国伦敦被浓浓的烟雾笼罩着，这个有名的“雾都”，再次出现了历史上少见的云缠雾绕的鬼天气。

当时，英国正准备举办一场大型交易会。在动物交易市场上，一群正准备被用于交易的驴竟然吐着鲜红的舌头，不断喘着粗气，还有的驴莫名其妙地倒地而死。

更让人们惊恐不安的是，医院里的病人突然成倍地增加，许多人胸闷、恶心、头晕，大街上不时响起令人心悸的警报声。在短短的四天中，就有四千多人死亡，这太吓人了。另外，还有很多人得了心脏病、支气管炎、肺炎和其他呼吸道疾病，整个伦敦陷入一片恐怖之中。

这究竟是怎么一回事？英国当局立即组织有关专家进行专题调查，务必要求查出原因。

没过多久，真相大白，那么，你知道是怎么回事吗？

科学揭秘

原来，当时伦敦是个工业城市，许多工厂的大烟囱和千家万户的小烟囱，不断地向天空喷吐出大量的黑烟，使浓雾越积越厚。司机在白天行驶也必须打亮车灯。12月的那场大雾是真正的“元凶”，那是一场罕见的“硫酸雾”，这些烟雾被人吸进体内就会刺激气管、肺，甚至导致死亡。

知识链接 工厂里排放的烟中含有三氧化二铁，它促使空气中的二氧化硫氧化生成三氧化硫。三氧化硫遇水生成硫酸，所以产生了“硫酸雾”。

拓展眼界 人类不断地向环境排放污染物质，但由于大气、水、土壤等的扩散、稀释、氧化还原、生物降解等作用，污染物质的浓度和毒性会自然降低，这种现象叫做环境自净。如果排放的物质超过了环境的自净能力，环境质量就会发生不良变化，危害人类健康和生存，这就引发了环境污染。严重的环境污染会导致生态破坏。

9.一起无名死尸案

“叮铃铃……”法斯特镇的警察局长给艾克斯博士打来电话，请求他协助侦破一起无名死尸案。

原来，这具无名尸体是在法斯特镇旁一口水塘中打捞上来的。尸体已经腐烂，面目无法辨认。当时正值盛夏，警察局长只好把尸体送到火葬场焚化了，留下的仅有几幅照片和简单的验尸记录。随同尸体打捞出来的其他一些物品表明，死者大概是本省人。

艾克斯博士经过仔细观察，注意到这具男尸的骨头上有一些明显的黑色斑块。他问警察局长：“贵省有没有炼铅厂之类的冶炼工厂？”

得到肯定的回答后，艾克斯博士果断地说：“局长先生，您尽管派人去炼铅厂所在的地区调查好了。死者生前很可能是那儿的人。”

警察局长按照艾克斯博士的指点，果然在某炼铅厂查到了无名尸的姓名、身份，并以此为线索迅速破了案。

受到上级嘉奖的警察局长十分纳闷，博士是依据什么从骨斑中判断出死者身份的呢？你知道吗？

科学揭秘

死者骨骼上的黑斑通常是硫化铅的痕迹，证明死者生前曾接触过大量含铅尘毒。侵入体内的铅有90%～95%会形成难溶的磷酸铅，沉积在骨骼中。

由于无名尸体沉泡在塘底，塘泥与尸体腐败后产生的硫化氢气体与骨骼中的沉积铅发生化学反应，生成硫化铅，从而形成黑色骨斑。艾克斯博士就是根据这一化学原理，断定死者应该是重金属冶炼厂的操作工人或附近的居民。

把电炉打着火（小火），把平底锅放到电炉上。往锅内放三勺糖，再放两餐匙的黄油，并加些水。注意搅拌，不要把锅里的东西熬糊。把纸平铺在桌子上，把熬好的黄色糊状体倒在纸上。

观察结果

几分钟后，糊状物变硬了，成了糖块。

变硬的糊状物其实是焦糖，也就是糖、黄油和水受热后生成的一种化合物。它有着和这些单个的组成成分不一样的特性。实际上，糖、黄油和水本身也是化合物，我们可以通过化学方法对它们进行分解。

10.突然的酒精中毒

在史密斯家中举行的晚宴此时已进入高潮。在宾客当中，最受青睐的是青年影星麦克尔。

主人史密斯厌恶地望着得意扬扬的麦克尔，用叉子叉上一只沾了调味汁的大虾，走上前去。他一边搭着腔，一边若无其事地晃动着手中的叉子，黑红的调料溅了麦克尔一领带，雪白的丝绸面料上顿时污迹斑斑。

“哎呀，真是对不起。洗手间里有干洗剂，我去给你洗洗。”

“不用了，史密斯先生，我自己去洗，您还是去应酬其他客人吧！”

麦克尔假装客气一番，然后迅速朝洗手间走去。洗洁剂就在洗手间的架子上放着，他将液体倒在领带上擦拭污迹，擦掉后立即回到宴席上，边喝着威士忌，边与人谈笑风生。突然，他身子晃了一晃便倒下了，装有威士忌的杯子也从他手中滑到地上摔碎了。

宴会厅里举座哗然。急救车立即赶来，将麦克尔送往医院，但为时已晚。诊断为酒精中毒死亡。

然而，只有一个人在暗地里幸灾乐祸，他就是史密斯。因为麦克尔私下里说了他不少的坏话，才被如此报复。

那么，这到底是怎么回事呢？

科学揭秘

干洗剂中含有四氯化碳。四氯化碳是一种无色无味的液体，作为油脂类液剂，曾被用于衣服的干洗等。由于四氯化碳的毒性会给环境带来污染，干洗剂等洗涤剂里早已不再使用这种化学物质了。

麦克尔用这种洗洁剂擦拭领带上的污迹时，吸入了足量的四氯化碳有毒气体。尤其是在饮酒过度的情况下，一旦吸入这种气体，就会导致死亡，其死亡因不留明显的证据，所以往往被误作酒精中毒死亡。

这就是说，史密斯为了让麦克尔吸入这种气体，故意在他领带上溅上调味汁。

玩一玩

把方形小冰块放进碟子里。把棉线平放在冰块上。用餐匙取少许盐，撒在棉线两侧的冰块上。过一会儿，用手拉拉棉线，看可以把冰块提起来吗？

观察结果

冰块可以提起来。

这里是利用冰融化和凝固现象所进行的游戏。撒上盐粒的冰的表面会有许多被融化，此时，棉线“嵌入”水中，当水再度凝固时，就可以把冰块提起来了。

11.借条上的字消失了

春季的一天，老朋友乔治愁眉不展地走进罗波的侦探事务所。

乔治焦急地讲述道："上个星期，我偶尔在茶馆里碰上一个熟人，他说几天前才从监狱里被放出来，要借2000块钱，一周之内肯定还。当时就在我的名片背后写上'借用2000元'几个字，很像回事儿似的打一个借条，还签上了名字。我接过后，便顺手装进口袋里了。但一周过去了，未见他还钱。所以，今天早晨我无意中从口袋里掏出名片一看，真奇怪，那张名片背面的"借条"不见了！只剩下背面什么也没写的名片。难道是那张带借条的名片被人替换了？"乔治感到不可思议。

罗波问："那张借条是用钢笔写的吗？"

"是的，是用他的笔写的。"

"墨水是什么颜色的？"

"是普通的蓝色。"

罗波想了想说："我知道向你借钱的那个家伙所使用的手法了。你被骗了！"

那么，骗子到底使的是什么手法？借条的字迹是如何消失的呢？

科学揭秘

骗钱者在淀粉溶液里加上两三滴碘液制成墨水灌进钢笔里，用此来写借条。这样一来，灌进钢笔里的东西就会成为像蓝墨水一样的液体。但这种液体写出的字在四五天之后，就会因蓝色物质分解，使颜色彻底消失。许多学生也在化学实验课堂上做过这种实验。

玩一玩

把铁皮盖平放在桌子上。擦着火柴点蜡烛。滴几滴蜡油在铁皮盖上，把蜡烛固定住。让蜡烛燃烧一会儿，再把蜡烛吹灭。当被吹灭的蜡烛上方冒出白色烟雾时，再擦着一根火柴，靠近烟雾处，蜡烛能再次被点燃吗？

观察结果

蜡烛能被重新点燃。

蜡烛被吹灭后，其中的蜡质还保持极高的温度，所以才以烟雾的形式散发出来。这股烟雾是可燃的，一遇明火会立即燃烧。

12.如何故意放的火

在树林深处的一所房子里，住着独身生活的画家和他的小猫。就在画家外出旅行期间的一天，房子起了大火。眨眼之间，一切都化为灰烬。幸亏下了一场大雨，因树林的树木潮湿，火势未能蔓延开。

从着火现场发现的被烧死的小猫来看。它被关闭在密封的房间里，因没有猫洞，无法逃脱，而被烧死了。

现场勘查结果表明，起火点是一楼大约12平方米的房间。可是，房间里没有任何火源，也没有漏电的痕迹。煤气开关紧闭，又无定时引火装置。

不过，因为在书架下面的地面上发现了一个破碎的鱼缸，在书架下面烧焦的席子上发现了熟石灰。于是，警察认定为谋取火保险而故意放火，并逮捕了画家。一所建了30年之久的旧房屋，竟投保了高额保险，实在令人怀疑。

那么，正在旅途中的画家，究竟使用了什么手段放的火呢？

科学揭秘

装满了水的金鱼缸被放在书架上，书架下面的席子上被放上生石灰，并且只留点儿猫食紧闭在室内，画家便外出旅行了。

看家的猫，不久因口渴找水喝。它找遍了各处，发现书架上的金鱼缸。为了喝到鱼缸里面的水，它两只前爪扒在鱼缸上，此时，鱼缸倾斜跌落下来，水洒了遍地。当然，画家为了使鱼缸容易跌落，故意放得不稳。

金鱼缸洒出来的水，正好浇在生石灰上。生石灰遇水发生化学反应，产生强热变成熟石灰。其热能燃着了书架上的书籍和席子，造成火灾。

用彩色画笔在鸡蛋的蛋壳上面绘制一些图案。把鸡蛋放进杯子，加入白醋，直到把鸡蛋全部淹没。两小时后，把杯子里的醋倒掉，加入新鲜的醋，再浸泡两个小时。把鸡蛋捞出，看看鸡蛋有什么变化。

观察结果

鸡蛋壳上的图案“壳”的形式留在了鸡蛋上面。

白醋中的酸和鸡蛋壳（主要成分碳酸钙）发生了化学反应。鸡蛋壳中的一部分钙被溶解了。但被彩色画笔画过的地方却没有被侵蚀，保持了原来的样子。

13.不翼而飞的大钻石

某公爵的遗孀秘藏着一件稀世珍宝，即重达50克拉的大钻石“巴拉特的眼泪”。

钻石就被藏在卧室的保险柜里。公爵夫人正外出旅行，那是一座空房。在了解了这些情况以后，窃贼丽卡和沙布便在一天夜晚带了氧气切割机和高压氧气瓶，溜进了那所房子。他们在房子中的一张油后面找到了保险柜。

虽然保险柜很小，但却是钢制的，又被镶嵌在墙壁上，所以将保险柜搬走是不可能的。

“喂！丽卡，干吧。”

于是，两个人马上操起氧气切割机干了起来。灼热的火焰很快将保险柜的柜门烧红，不久，保险柜的柜门便像糖稀一样开始熔化。

“还差一点，沙布，再加把劲儿。”

很快，保险柜柜门就被切割出一个大洞。

“好了，已经可以了！”

丽卡顺着洞往柜里一看，里面却什么也没有，只有一小堆灰。

“真怪，哪有什么‘巴拉特的眼泪’呀？”

“什么？你说的是真的？！”

沙布很吃惊，套上耐火手套伸手进去一摸，里面果然是空的。

这究竟是怎么回事？那两个家伙出了什么错？

科学揭秘

钻石被烧成了灰。

保险柜里的那一小堆灰就是“巴拉特的眼泪”。

钻石是地球上最坚硬的物质。其成分是炭和石碳的碳元素的纯结晶体。如果温度超过850℃就会燃烧。氧气切割机的火焰温度高达2000℃，所以在用如此高温的切割机去切割小小的保险柜柜门时，会使保险柜中的钻石燃烧变成二氧化碳。

玩一玩

把柠檬汁倒入碟子里，再加半餐匙的食盐。把铜币放到盛着柠檬汁的碟子里，浸泡五分钟。用润滑凝胶薄纸擦拭一下铁钉，再用水冲洗干净后擦干。把铁钉放进装铜币的碟子里。二十分钟后把铁钉拿出来，观察一下，看有什么变化？

观察结果

铁钉的表面有一层铜。

硬币中的铜和柠檬酸发生化学反应，生成了一种叫铜柠檬酸盐的化合物。这种化合物给铁钉镀上了一层薄薄的铜。

14.丢失的金块

百万富翁乔纳森的卧室被盗，一块重20盎司的黄金不翼而飞。警方周密地侦察现场，对富翁身边和有关的人一一审查，先后排除了作案嫌疑，只剩下化学研究所的药剂师兰波了，他是在案发时间唯一去过乔纳森卧室的人。兰波矢口否认，并且自愿让警方搜查他的住所和工作室，结果一无所获。

协助侦破的名探阿尔金在研究所实验室里搜寻着，实验台上一瓶“王水”映入眼帘。他灵机一动，从实验台上取下了它，打开瓶盖，用镊子夹着一块铜放了进去。很快，奇迹出现了：铜块越来越小，直到完全消失，而瓶底却出现了一块黄金，与丢失的那块重量相等。

你知道这是怎么一回事吗？

科学揭秘

阿尔金应用了一个简单的化学反应——置换反应，黄金溶于“王水”后，生成一种黄色的氯金酸，铜则可以把金从氯金酸中置换出来。

玩一玩

把苹果洗干净，切下半个，再切成几小块，分别装在两个碟子里。往其中一个碟子中的苹果块上滴一些柠檬汁。几个小时后再观察，看看有什么情况发生？

观察结果

滴了柠檬汁的苹果的果肉仍然保持原来的新鲜颜色，而没有滴柠檬汁的苹果的果肉却变成了褐色。

当没有滴柠檬汁的苹果和空气接触时，它的果肉就会和空气中的氧发生氧化反应，最终变成了褐色。而滴了柠檬汁的苹果上的柠檬汁阻止了这种氧化反应的发生，因此，苹果还是保持着原来新鲜的颜色。

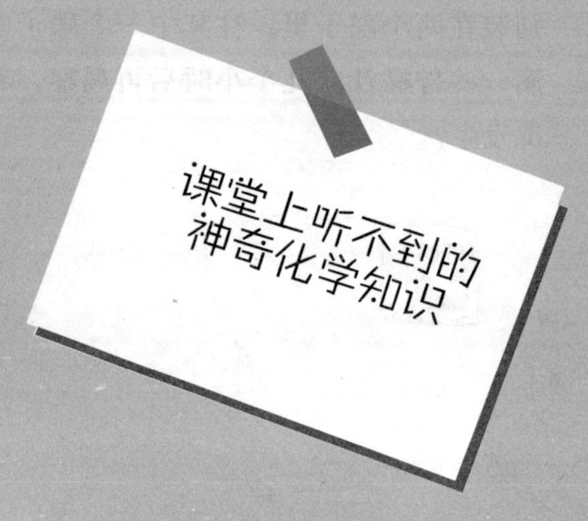
课堂上听不到的
神奇化学知识

二

生活大搜索——那些神奇的小秘密

1.不翼而飞的酒

在一个偏僻的小镇，有一个酒鬼，一天三顿都少不了酒，但他生活拮据，买不起酒。好在祖上以前做酒生意，配酒的手艺他也会一点点，于是他就自己配酒喝。

有一次，他配完一种烈性酒后，发现酒好像少了。于是，他准备做一下试验，他先用量筒量出260毫升95%的酒精，接着又量出240毫升的蒸馏水。当他把这些酒精和蒸馏水混合在一起的时候，发现混合后的液体不是500毫升，用量筒量了量，呀，是486毫升！这是怎么回事？在这段时间内不可能有人偷喝，自己也没有洒在地上，为什么就少了14毫升呢？

酒鬼怎么也弄不明白这是怎么回事。小朋友，你知道这酒是怎么少的吗？

科学揭秘

原来在稀释配制的过程中，酒精悄悄地蒸发了。酒精稀释时产生热量，一部分酒精就变成蒸汽不知不觉地溜到空气中了，人的肉眼是看不出来的。

知识链接

乙醇是无色、透明、有香味、易挥发液体，熔点-117.3℃，沸点78.5℃，比相应的乙烷、乙烯、乙炔高得多，其主要原因是分子中存在极性官能团羟基。密度0.7893g/cm^3，能与水及大多数有机溶剂以任意比例混溶。工业酒精含乙醇约95%。含乙醇达99.5%以上的酒精称无水乙醇。制取无水乙醇时，通常把工业酒精与新制生石灰混合，加热蒸馏才能得到。

玩一玩

往玻璃瓶内注入四分之一左右的水，然后用吸管吸取碘液，向水里加入两滴碘液看颜色有什么变化。把两根火柴并排在一起擦燃，立即放入上述盛有碘液的瓶中燃烧，并用瓶盖盖住瓶口。等火熄灭后抽出火柴灰烬，轻晃瓶子，看颜色又有什么变化。

观察结果

往水中加入碘液时水变成了棕色；当火柴在装碘液的瓶中燃烧时，液体又变成了无色的。

这是因为火柴烟雾把碘反应成了无色的碘离子，所以瓶中的碘液又变成了无色透明的水溶液。

2.卫生球不见了

“跑哪儿去了？明明放这了呀！”果果放学回家，一进门就听到妈妈自言自语，并见妈妈翻箱倒柜地找着什么。

“您这是干吗？”果果不解地问。

“卫生球不见了！”妈妈说，仍不停地翻着柜子。

原来，去年妈妈怕衣柜里的衣服被虫子咬坏，就买了几个卫生球放在箱子里。现在衣服该穿了，就去拿，结果一开箱子只闻到一股刺鼻的气味，而卫生球却不见了，妈妈正在四处找它呢。

果果知道了缘由，“扑哧”一声笑了，说道：“妈妈，卫生球自己‘跑’了！”

“自己跑了？”妈妈有些不解地盯着果果。

“是它自己‘跑掉’的。”果果点点头说。

果果为什么会这样说？她的依据又是什么呢？

科学揭秘

当然卫生球不会长脚自己跑掉的。卫生球的主要化学成分就是萘，萘是无色片状晶体，是从又黑又臭的煤油中提炼出来的，能够起到杀虫的作用。萘不溶于水，易溶于热的乙醇和乙醚，在空气中易升华。所以放久了，就会变成气体而不见了。

知识链接

有一种因遗传缺陷造成的溶血性贫血性患者，平时无任何症状，一旦接触到萘酚类物质，就会发生溶血性贫血，重者可发生黄疸，特别见于新生儿。

卫生球的酚类物质，经空气氧化变成醌类化合物，能使浅色衣服变色。因此，收藏小儿衣服、化纤织物及丝绸服装时，均不宜放卫生球。

考考你

小超买了两颗樟脑丸放在衣柜里。不过，其中有一颗是假的。你知道哪一颗是真樟脑丸吗？

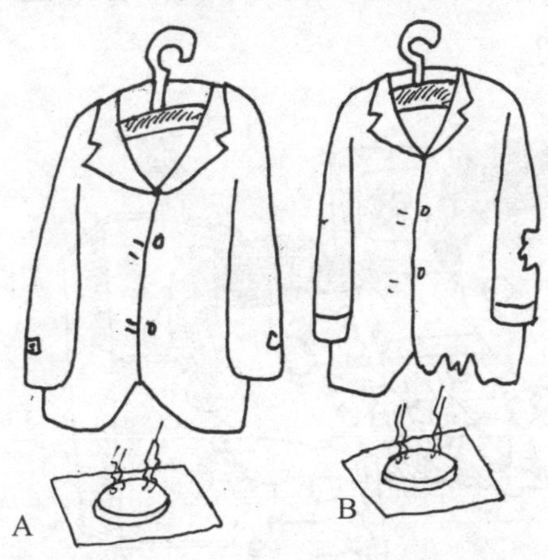

答案

A是真樟脑丸。因为衣服没有被蛀虫咬坏。

3.绿色的天空

乐乐的爸爸去外地出差，刚好碰到当地的一个拍卖会，乐乐的爸爸是个古画收藏爱好者，于是花高价买了两幅古画。

拿回家里，乐乐和爸爸一起欣赏时发现，这两幅古画的画面上，天空都被染成了绿色。

天空怎么会是绿色的呢？难道那时候天空真的是这种颜色吗？可是，从文学作品的描绘中可以看出，那时的天空也是蔚蓝色的，像大海一样的颜色呀！那么，是当时画家的一种作画风格吗？乐乐和爸爸都百思不得其解。

爸爸想起一个老同学是做这方面研究的，于是他找到这位老同学。老同学笑着给爸爸讲解了其中的奥秘。那么，你知道乐乐爸爸的这位老同学是怎么解释的吗？

科学揭秘

在当时，画家们绘画所使用的蓝色颜料是一种叫“铜蓝”的矿石，可是时间长了，它发生了化学反应，就变成绿色了。

知识链接

铜蓝是铜矿石矿物，其主要化学成分是硫化铜，因呈靛蓝色而得名，它是炼铜的主要矿物原料，常与辉铜矿伴生，组成含铜很丰富的矿石。

玩一玩

把装有大半杯水的玻璃杯放在桌上。把铝箔放入杯底。把圆铜片放在铝箔上。放置一天后开始观察，这时水变浑浊，并且铝箔上放置铜片的地方出现了一个圆洞。这是为什么？

答案

两种不同金属相结合的部位常发生损坏，称之为腐蚀。铝在分解时，大量的铝分子“跑”到水里，这种铝分子由于不透明，所以使水变得浑浊起来。另外，在分解过程中还会产生少量电流。

4.灭火妙招

某县城新近组建了一支消防队，队长由刚从部队转业的刘强担任。

县城不比大城市，发生火灾的情况较少，所以，没有事的时候他们都学习消防知识。因刘强见识多，知道的东西也比较多，同事不懂的问题都喜欢向他请教，而刘强也乐意解答。

有一天，突然接到报警电话，县郊区的一家葡萄酒厂起火了。接到命令的消防队员迅速赶到现场，投入紧张的扑火中。正当他们奋勇作战，即将控制大火的时候，突然发现贮水槽里的水快没有了。

这下完了，队员们都绝望了。这时刘强突然命令队员把正在发酵的葡萄酒泼向熊熊大火。

我们知道酒精能燃烧，队员们犹豫了，不过他们还是执行了命令。神奇的是，火竟然被扑灭了。

你知道这是怎么回事吗？

科学揭秘

正在发酵的葡萄酒里含有大量的二氧化碳气体，而二氧化碳气体不助燃，是最好的灭火剂。

知识链接

灭火器喷出来的也是二氧化碳气体，那么灭火器里为什么有那么多二氧化碳气体呢？原来，钢筒里贮藏着两种化学物质，即碳酸氢钠和硫酸。平时，这两种物质用玻璃瓶隔开分住两处，各不相扰。当灭火器头倒过来时，它俩便混到一块儿，发生化学反应，产生大量二氧化碳气体。把硫酸换成硫酸铝，再配上点发泡剂，就成为泡沫灭火器。它同样可产生二氧化碳气体，同时带有大量泡沫，可以漂在表面上帮助灭火。

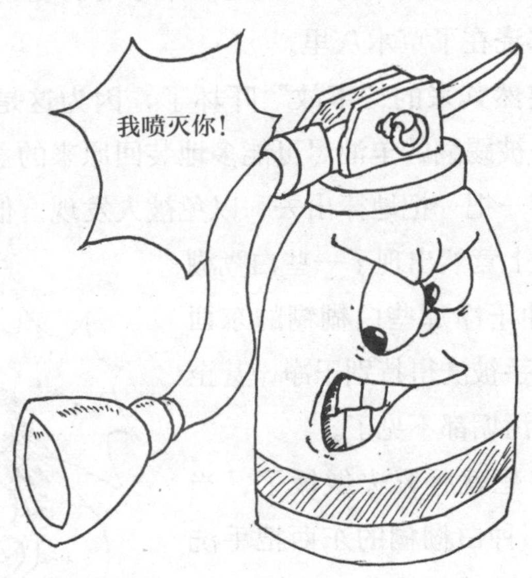

5.变干净的小厨师

传说古埃及有一个庄园主，他请了一个厨师。由于吃饭的人很多，做饭的人很少，小厨师天天忙得不可开交，他为了早上能多睡一会儿，每天要忙到半夜才去睡觉，以致脸都没有时间洗，整个人看上去黑乎乎的。

有一天，小厨师实在太困了，一觉睡过了头，当他醒来时，发现睡过了头，便急急忙忙起来做饭。但他一不小心，把灶下的一盆羊油踢翻了，羊油全部浇在了草木灰里。

小厨师被这突然其来的“事故”吓坏了，因为这是要被主人责罚的，于是他连忙将被踢翻的羊油尽可能多地装回原来的盆里，并用手将混在羊油的草木灰一把一把地捧出去，以免被人发现。他捧完草木灰后洗手时忽然发现手上竟然出现了一些白糊糊的东西，当用水冲干净那些白糊糊的东西后，他发现自己的手被洗得特别干净，甚至连以前很难洗掉的污垢都不见了。

小厨师没有多想就赶紧去做饭了，当他做完饭后又用那种白糊糊的东西把手洗了一遍，他发现手被洗得格外干净，接着他又用它洗了洗脸，脸也变得干净、清爽起来，似乎比以前要白了。小厨师把自己

的这个意外发现悄悄告诉了另一个厨师，并让他也试试。结果这个厨师试过之后，手也被洗得十分干净。接着，他俩把混着羊油的草木灰送给其他厨师，让大家都用它来洗脸、洗手。

几天后，庄园主无意发现，他庄园中的这些厨师们的手和脸突然变得比自己的还干净，他感到十分奇怪。经过盘问，他才知道其中的原委。

于是，庄园主命令厨师们将混有羊油和草木灰的混合物，揉成一个个小球，晾干后供自己使用。这种“灰油球”经过发展，就成了后来人们说的“肥皂。”

知识链接　肥皂分子结构可以分成两个部分。一端是带电荷呈极性的COO-(亲水部位)，另一端为非极性的碳链(亲油部位)。肥皂能降低水的表面张力。肥皂的亲油部分，深入油污，而亲水部分溶于水中，此结合物经搅动后形成较小的油滴，进入水中。此过程(又称乳化)重复多次，则所有油污均会变成非常微小的油滴溶于水中，可被轻易地冲洗干净 。

为什么茶杯内壁会变黑

许多人喜欢喝茶，因为茶有一股清香味，这股清香味是茶叶中含有的鞣酸所致。在沏茶时，茶叶中的鞣酸与开水中的铁发生了作用，会产生一种不易被水溶解的黑色沉淀物，这就是鞣酸二铁。这些黑色沉淀物能粘在茶杯内壁上。因此，如果不用含铁的开水沏茶，茶杯内壁也就不会变黑了。在你品茶时，还是要把你的杯子洗干净。

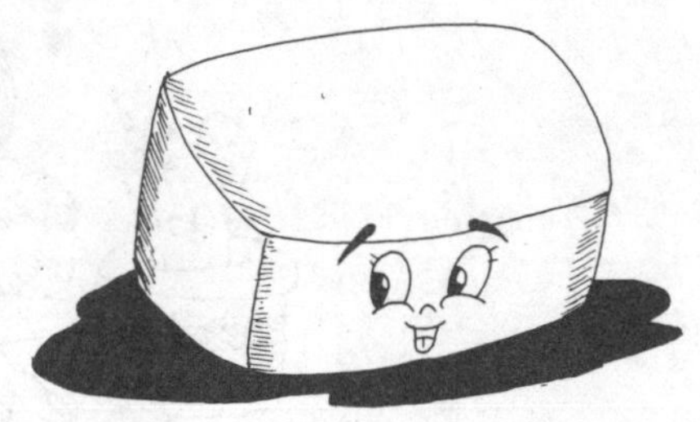

6.奇怪的馒头

今天是星期天，玲玲不用去上学，做完作业，她不知道该干什么，就搬了条小凳坐在院子里发呆。

妈妈这会儿正在蒸馒头，快熟的时候，玲玲只见妈妈闻了闻，就在上面洒了些“水”，盖上盖子又蒸了一会儿。无聊的玲玲觉得非常奇怪，就跑过去问妈妈为什么要“浇水”。妈妈告诉她，是因为馒头有点酸，洒上点碱水再蒸一会儿就不会酸了。

“这是为什么呢？”玲玲不解地问。

为什么？妈妈也不知道这是为什么，只是别人告诉她馒头若蒸酸了洒上点碱水就不酸了，她就这么做了。

那么，你能帮助玲玲来回答这个问题吗？

科学揭秘

原来酸碱是可以发生中和反应的，酸碱的中和反应就生成盐和水了。馒头发酸时，放点碱，酸味就会消失。馒头若发黄，就是碱多了，放点醋即可。

知识链接

淀粉在酵母的催化下与水作用生成葡萄糖，而葡萄糖会变成乳酸，所以馒头会发酸。

玩一玩

取一个玻璃杯，往杯内加半杯酒精。将玫瑰花瓣撕碎放入酒精中浸泡一至两个小时之后，滤出有色酒精溶液。用剪刀把纸张剪成数张小纸条，泡在有色的酒精溶液中约十分钟，取出晾干（即为自制的变色试纸）。取几张自制变色试纸，分别蘸一点醋、苏打水和石灰水，看看有什么变化？

观察结果

当变色试纸遇到醋时，变成了红色；当变色试纸遇到苏打水和石灰水（碱性）时，变成了蓝色。

7.奇怪的墨水

要过年了，为了迎接新的一年，家家户户都开始打扫卫生，可可家也不例外。

妈妈让可可收拾自己的房间，把东西都整理一下。当可可收拾自己以前的作业本时，他顺手翻开一看，“啊，字迹怎么模模糊糊的，也没弄湿过啊？”可可自言自语道。再翻看另一本，这本却清清楚楚，这就更奇怪了，这些都是那时候写的啊，怎么它们的差别会这么大呢？

可可十分纳闷，怎么也想不明白是怎么回事。那么，你能告诉他这其中的道理吗？

科学揭秘

那种字迹不清的是用纯蓝墨水写的，时间长了，会被氧化，颜色渐渐变浅，甚至完全消失。而清楚的字迹是用蓝黑墨水写的，蓝黑墨水被氧化后，逐渐生成一种永不褪色的化学物质——黑色的鞣酸铁。所以，字迹比较清楚。

知识链接

一般来说，蓝黑墨水里还加入了可溶性蓝色有机染料、硫酸、苯酚、甘油和香料。加入硫酸，是使墨水保持酸性，防止墨水沉淀。苯酚是著名的防腐剂，能杀菌，使墨水不至于腐化发臭。甘油的化学成分是丙三醇，是常用的防冻剂，加入甘油后，就可以大大降低水的冰点，使墨水在冬天不易结冰。至于加入香料，则是使墨水芳香宜人。

8.神奇的“水”

一位魔术师在表演完烧手绢的魔术后，又表演了一节目：

随着音乐的响起，魔术师便跟着节奏动了起来，只见他拿出一块普通的棉布用火柴一点，棉布顿时燃烧起来，烧到一半时，魔术师跳着舞步把火踩灭，然后把烧剩下的那块棉布浸在一盆水里，片刻之后取出。在晾干的过程中，魔术师迈着猫步在台上走来走去，还时不时地向棉布吹上两口“仙气”。一会儿棉布晾干了，让坐在前排的观众看着棉布，并证明：棉布已经干了。

“没错，干了。”前排的人证实后，魔术师才拿出火柴点燃棉布。但奇怪的是，这次棉布不但点不着，还冒出白色的烟雾。观众都纳闷了，刚才还能点着，怎么放在水里晾干后就点不着了呢？烧手绢时，手绢烧不坏可能因为手绢是湿的，而现在可是干的啊！这是怎么回事呢？

科学揭秘

那盆水有问题。其实那不是水，而是氯化铵溶液，棉布被氯化铵溶液浸泡后便变成防火布了，晾干后，这种经过处理的棉布的表面附满了氯化铵的晶体颗粒。氯化铵这种化学物质有个怪脾气，就是特别怕热，一遇到热就会发生化学变化，生成的物质是两种气体，它们会把棉布与空气隔绝起来，棉布在没有氧气的条件下当然就不能燃烧了。当这两种气体保护棉布不被火烧的同时，它们又在空气中相遇，重新化合成氯化铵小晶体，这些小晶体分布在空气中，就像白烟一样。

知识链接

氯化铵为无色立方晶体或白色结晶，味咸而微苦。氯化铵主要用于选矿和鞣革、农用肥料。用作染色助剂、电镀浴添加剂、金属焊接助熔剂。也用于镀锡和镀锌、医药、制蜡烛、黏合剂、渗铬、精密铸造干电池和蓄电池及其铵盐。

9.咸鸭蛋流“眼泪”

在某处的农贸市场里，一个卖咸鸭蛋的喊道：“咸鸭蛋，两块钱一个，不流油不要钱了。”

这时，有位中年妇女提着篮子过来问道：“你帮我切一个看看，好就多买几个。”

卖咸鸭蛋的乐呵呵地拿了一个，从中间切开，只见黄灿灿的油一滴一滴地往下流。果然是好咸鸭蛋。

有时候，在剥咸鸭蛋时会流油。有些小孩子见了都很惊奇，天真地说咸鸭蛋流“眼泪”呢？当然，咸鸭蛋是不会流“眼泪”的，不过蛋里怎么会流出油来呢？这到底是怎么回事呢？

科学揭秘

其实蛋类都含有脂肪，这些脂肪99%以上都集中在蛋黄里，我们肉眼无法发现。

当鸭蛋被放到盐水里腌制以后，盐进入到蛋壳内，由于蛋黄里脂肪比较集中，盐又有一个特殊的本领——使蛋白质凝固，蛋黄里原有的那些微小的油滴因盐的作用，会凝聚在一起，油变成大一些的油滴。当咸鸭蛋被放在开水中煮熟以后，蛋白质凝成了块，凝成了大油滴，剥开一看，整个蛋黄就变得金灿灿的，还往外流油。

知识链接

蛋白质是一类含氮的生物高分子，分子量大，结构复杂。蛋白质的基本组成单位是氨基酸，蛋白质分子的物理、化学特性由氨基酸的三维结构决定。一种很特殊的蛋白质称为酶。

拓展眼界 脂肪不能用化学式表示，主要成为高级脂肪酸的甘油脂。油是不饱和脂肪酸的甘油酯，脂肪是饱和脂肪酸的甘油酯。

10.蒙屈的管家

马提尼岛在拉丁美洲的加勒比海，在这个岛上有一个商人，他对古董情有独钟，收有许多藏品。

有一天，他像往常一样，来到橱窗前欣赏自己精心收藏的一批古董，无意间他发现一件精致的银壶上有一层黑影，像抹了层淡淡的灰。他赶紧找来抹布，想把它擦干净，但是，无济于事。那层淡淡的灰怎么也抹不去。

这一天，这位商人要外出，临出门之前，他还特意叮嘱管家，一定要想办法把那件银壶弄干净。

十几天以后，这位商人回到了家，发现银壶上的黑影根本没有擦去。他立即叫来管家，满腔怒气地向管家发火，并斥责管家偷懒。管家满脸委屈地说："我已经想了许多办法，仍然无法恢复如初。不仅如此，岛上其他银器也变黑了，像得了什么传染病似的。"

没过几天，更奇怪的事又发生了。商人刚带回来的一批银器也变得黑糊糊的。商人见了，目瞪口呆，却不知道这是为什么。

直到有一天，马提尼岛火山爆发，商人这才恍然大悟。

那么，你知道这火山爆发与银器发黑有什么关系吗？

科学揭秘

在火山爆发前，地下灼热的岩浆虽然还没有冲出地面，可是已经开始大量聚集，并逐步向上漂移。由于地下温度不断攀升，一些火山爆发时喷出的硫化物，像硫化氢、二氧化硫等气体，便随着地下热空气悄悄地渗透到地面。空气中的硫化物能与银发生化学反应，生成黑色的硫化银。

火山爆发前，空气中已经有二氧化硫、硫化氢等气体在弥漫，只是人的嗅觉不那么灵敏，没有嗅出来而已。

知识链接

我们平时戴的银首饰也会变黑。银饰变黑是自然现象，因空气和其他自然介质中的硫和氧化物等对银都有一定的腐蚀作用，在佩戴一段时间后，就会出现一些微小的斑点（硫化银膜），久之会扩散成片，甚至变成黑色，所以，目前银饰都有一些因氧化而变色的现象。

小常识

如果银饰已经氧化变黑，可以用软毛刷子蘸牙膏刷洗，也可用手搓香皂或清洁剂等方式清洗，实在无法处理干净时才用洗银水擦洗，洗完后均要用棉布擦干银饰。

11.巧辨真假羊毛货

严冬的一天，在佳丽百货商店门前，围着一群顾客，正在争相挑选颜色鲜艳、又长又宽的羊毛围巾。一会儿，只见一位穿着时髦的女顾客气冲冲地拨开人群，手里拿着围巾高喊："退货，退货，你这围巾不是羊毛的！"

年轻女售货员正忙着招徕生意，忽听有人嚷着退货，忙辩驳说："胡扯！谁说不是羊毛的？"

女顾客坚定地说："这包装纸上明明写着，上海出产的腈纶围巾嘛！"

"纸是纸，货是货，纸货各不相干。"女售货员辩解着。

"你们不要欺骗顾客！"

"你有什么依据？"

此时，女顾客并不示弱，只见她手里拿着羊毛围巾，镇定自若，当场证实围巾并非羊毛。围观群众一看，纷纷指责该商店不讲职业道德，变相涨价，欺骗顾客。有的叫嚷退货，有的愤愤离去。

售货员们见冒牌货败露，在众目睽睽之下，只得急忙将"羊毛围巾"收进店内。

请你猜猜，那位女顾客是如何证实围巾不是羊毛的？

科学揭秘

女顾客从围巾上扯下一点纤维，用火烧做试验。羊毛燃烧得很慢，然后化成灰；棉布烧得快；腈纶不容易烧，而且一烧就熔化变黑。

知识链接

化学纤维一般都属高分子化合物，其原料可分为天然的或人工合成的高分子物质。合成纤维不是直接以天然高分子材料为原料的，而是以简单的化合物为原料合成制得高分子物质。成纤高聚物必须具有线型的分子结构，因为只有线型高分子物质才能溶解或熔融以制备纺丝溶液或熔体；大分子必须具有适当的分子量；相邻分子间必须具有足够的结合力，以保证纤维具有足够的强度。

玩一玩

把白纸平铺在桌子上，用软笔蘸着柠檬汁或食用醋在白纸上写你想写的字，写完后晾干。把晾干后的信件放在蜡烛火焰上方烘烤。你能看到什么呢？

观察结果

用柠檬汁或食醋写完晾干后，字迹不见了，烘烤时字迹又出现了。

柠檬汁或食醋通过化学反应使纸上写了字的部分变成了一种类似赛璐玢的物质。它们的燃点低于纸张本身，所以烘烤时，写字的地方先烧焦，字就显现出来了。

12.胡同里的“鬼”

也许家在北京的人，小时候经常会听到老人说起故宫“闹鬼”的故事：某个夏天的夜晚，电闪雷鸣，有一个人从故宫附近的夹墙走过，突然发现远处有一对打着宫灯的人，后面还跟着一个宫女，这下可把他吓坏了，腿都不听使唤了，瘫坐在地上，直到灯光看不见了，才从另外一条道一步一步地挪回家了。

后来他和别人讲起这件事，老人都说是因为那人的阴气重，找个道士好好念叨一下可能就好了。

我们知道世界上是没有鬼的，所谓的鬼故事都是自己吓唬自己，不过这人的的确确在故宫附近的胡同里看见了以前的宫女，你知道这究竟是怎么一回事吗？

科学揭秘

其实故宫能看见宫女是有科学依据的。因为红色的宫墙中含有四氧化三铁，而闪电可能会通过四氧化三铁将电能传导下来，如果碰巧有宫女经过，那么这时候宫墙就相当于录像带的功能，将宫女的影像记录下来，如果不久之后再有闪电巧合出现，可能就会像录像放映一样将之前记录下来的影像再现一遍。

知识链接

四氧化三铁，为黑色铁磁性固体，由铁丝在纯氧中燃烧得到，常温下比较稳定。加热时能被氢气或一氧化碳气体还原成铁或氧化亚铁。

四氧化三铁加热至熔点时分解，分解后的四氧化三铁具有很好的磁性，故又称为“磁性氧化铁”。

13.燃烧的糖果

齐齐出生在一个贫穷的小山村，贫穷让村里人变得愚昧迷信。

有一年，村子里闹旱灾，应村里老头、老太太们的委托，村里一位自称是龙王附体的中年妇女和村民们一起前去山里求雨。刚好是周末，齐齐也跟着凑热闹去了。

只见中年妇女身穿道袍，手拿“魔杖”，嘴里念叨着一连串听不懂的祈祷语。

突然，中年妇女从供台上拿了一块糖，让跪在前面的一个老头剥开，然后点着，老头左点右点，那糖果就是烧不起来。中年妇女对老人说：“老人家，求雨要有百分之百的诚意，心不诚则不灵。”于是中年妇女又让自己的徒弟试一试，只见他的小徒弟一手提着香烟，取出一根火柴，只轻轻一擦，然后往上一点，那糖果“哧”地冒出了火花。

中年妇女大呼：“通往天庭的圣火，你快快将此禀报龙王，早日降雨于众生灵。”

跪拜的人都跟着中年妇女一起呼喊起来。

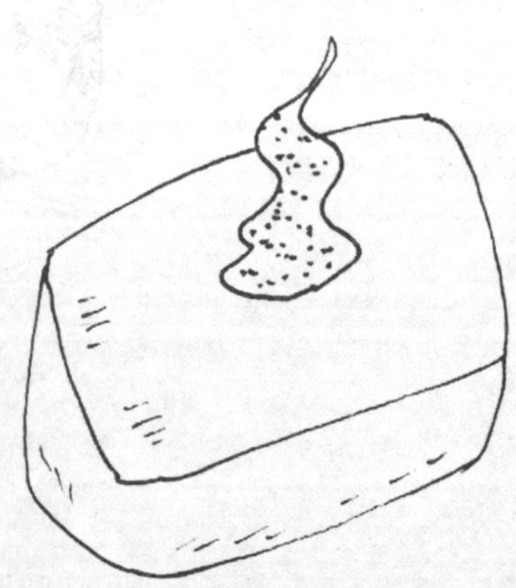

当然，中年妇女玩的这一套都是骗术，那么，你知道她是怎样把糖果点燃的吗？

科学揭秘

原来，这里面暗藏着见不得人的手脚——徒弟右手既擦火柴又捏着香烟，只是轻轻一抖，便把烟灰抖到了糖果上。而烟灰里含有金属锂。锂在燃烧过程中起的是催化作用，化学上称为催化剂，工业上称为接触剂或触媒。

知识链接

金属锂为一种银白色的轻金属。锂与其他碱金属不同，在室温下与水反应比较慢，但能与氮气反应生成黑色的一氮化三锂晶体。锂的弱酸盐都难溶于水。在碱金属氯化物中，只有氯化锂易溶于有机溶剂。锂的挥发性盐的火焰呈深红色，可以用此来鉴别锂。

拓展眼界

锂很容易与氧、氮、硫等化合，在冶金工业中可用作脱氧剂。锂也可以作为铅基合金和铍、镁、铝等轻质合金的成分。锂在原子能工业中有重要用途。

14.池塘的死鱼

刘山，是南方某省一个小镇的村民，靠养鱼为生。

刘山的妻子在小镇上的纺织厂上班，儿子今年上初中。一家三口过着快乐、幸福、安静的日子。

可是一场大雨却破坏了他们安宁快乐的生活。

那天，整整下了一个晚上的雨，刘山一早便去养鱼塘捕捞准备上市的2000斤鱼。到了池塘边，刘山却傻眼了，只见水面上白花花的一片，一夜之间，鱼几乎全死光了。

这可是唯一的经济来源啊，以后可怎么办？为了讨回公道，刘山向环保部门报了案，要求找到是哪家工厂排污超标，把鱼塘给污染了。

环保部门取水做了化验，化验的结果更让刘山大吃一惊，池塘的死鱼与工厂的污染无关，而是昨晚的那场大雨造成的。

这就奇怪了，大雨为什么能造成池塘的鱼死亡呢？

科学揭秘

原来这场雨就是所谓的“酸雨”，池塘里的鱼当然会死亡了。

知识链接

酸雨是指pH值低于5.6的雨、雾或其他形式的大气降水。pH值是表示液体酸、碱程度的标志，pH值越低，表示酸性越强。它主要是人类燃烧大量的煤炭、石油等，产生有害的SO_2气体，SO_2在遇到闪电时会被氧化生成SO_2，SO_3溶于水后生成H_2SO_4，从而呈现酸性。

拓展眼界

酸雨对人类和环境有很大危害。酸雨能破坏森林生态系统，使林木生长缓慢，严重的可导致森林大面积死亡。酸雨进入河湖会导致河湖水酸化，鱼卵因此不能孵化，水生生物生长受到抑制，严重时会全面破坏水生生态系统，使河湖失去生机而变成“死河”、“死湖”。酸雨渗入地下会破坏土壤结构，加速土壤中养分的流失，导致土壤肥力下降，进而影响农业生产。最令人担忧的是，酸雨对人体健康也有极大的危害。

15.让蜡烛燃起来

今天是松桥村的庙会，卖衣服的、卖小吃的、卖猪卖狗的都蜂拥而来，其中还有一个卖艺的。

只见场地中间摆放了一张桌子，桌子上放了一支蜡烛，正在燃烧着。卖艺的小伙子轻轻地走到桌前，一口气把燃烧的蜡烛吹灭后，立即伸出一只手，用手指轻轻地一弹，嘿，奇迹出现了，原来只有袅袅烟雾的蜡烛又"啪"的一声燃了起来。

小伙子又邀了一围观的人靠近蜡烛，一口气吹灭了燃烧着的蜡烛，让那人用手指弹一下，那蜡烛仍没有燃，围观的人群发出一阵笑声。这时卖艺的小伙子伸手向蜡烛一弹，那蜡烛又立即自燃起来。

围观的人群发出一片赞叹声和一阵热烈的掌声。

我们知道，蜡烛是不会自燃的，那么，你知道卖艺的小伙子是怎样让蜡烛自燃的吗？

科学揭秘

其实，让熄灭的蜡烛重新自燃的秘密是卖艺者在指甲里暗暗地塞了一些硫黄粉，硫黄粉稍遇热就会立即燃烧，所以蜡烛就能够重新燃烧了。

知识链接

硫黄或硫黄粉均呈黄色和淡黄色，无毒，易溶于二硫化碳，不溶于水，略溶于酒精和醚类，导热性和导电性很差。硫黄易燃烧，一般燃烧温度为241℃～261℃，硫黄粉燃烧温度只有190℃，其浓度达到35克/米^{3}时具有爆炸性，一旦遇到或接触热体表面就可能引起燃烧或爆炸。

拓展眼界　硫黄是无机农药中的一个重要品种。硫黄燃烧时发出青色火焰，伴随燃烧产生二氧化硫气体。用于防治病虫害时常把硫黄加工成胶悬剂。它对人、畜安全，不易使作物产生药害。硫黄粉也是轻工业、重工业和国防军工业生产的重要原料，用于制造酸、染料、像胶制品、火柴、炸药等，还用于医药、农业、制糖等工业。

16.给鱼喝点酒

年轻的妈妈在厨房里烧饭，三岁的儿子在旁边好奇地看着。

她给儿子做的是红烧鱼，只见她把鱼翻炒了几下，向里面加了点水，接着又拿起一瓶白酒向锅里放了些。

“妈妈，鱼也要喝酒吗？”一旁的儿子天真地问。

“是呀，给鱼喝点酒，它就不腥了。”

我们知道，妈妈用的是形象的说法，在鱼里放点酒就不会有腥味，是因为鱼肉里有一种特殊的化学物质，叫三甲胺，会散发出一股令人作呕的腥味儿。要是滴几滴白酒，这三甲胺就会溶解在酒中，随着锅内温度不断地升高而蒸发掉了。所以，吃鱼时就不会感觉腥了。

知识链接

鱼肉中有一种叫做三甲胺的化学物质，腥味极浓，在煮鱼时加1～2匙白酒和醋，三甲胺便会溶解在酒、醋里，酒精沸点为38.3℃，易挥发，三甲胺也随蒸气一起跑掉。同时，酒和醋在热锅里相遇，反应生成乙酸乙酯香味，使鱼味更鲜香。很多肉类中都含有一种脂肪滴，有腻人的膻味，在炖煮中加入白酒后，脂肪滴即溶解于酒精中一起蒸发掉，达到去膻味的目的，所以肉味更鲜美了。

拓展眼界

蚊子爱叮咬孩子，主要是因为孩子向蚊子发出了强烈“信号”，它通过空气传播，能够引导蚊子便捷地找到“食物”。人体血液中的氨基酸和乳酸结合，能生成一种复合氨基酸混合体，这种物质与汗液中略带甜味的胺结合，可生成三甲胺，这种三甲胺的气味有强烈的诱蚊作用。

温度上升，人体的毛细血管扩张，三甲胺的生成也增多。孩子一般比较好动，代谢旺盛，身体的三甲胺含量更高，所以引来蚊子叮咬的可能性也就更大。

17.流“血”的布娃娃

亮亮的爷爷生病了，一个星期都没有起床，奶奶便从乡下请来了一个“师婆”，为爷爷看病。

只见“师婆”绕着爷爷走了两圈，便对奶奶说：“这位老人被一个女鬼缠身，所以才得病，我明天拿上宝剑来降妖除魔。”

第二天晚上，“师婆”来了，她让奶奶摆了一张桌子，然后将一把寒光闪闪的“宝剑”和一碗“圣水”放在桌子上。桌子旁放一个布娃娃，布娃娃的“衣服”糊的是一层黄裱纸。一切就绪后，“师婆”在口中念念有词，而后拿起“宝剑”，往“圣水”里浸了一下，立即奋力向女鬼的化身——布娃娃刺去，再用力拔出剑来，果然，“宝剑”和黄裱纸上立即出现了“血迹”。“师婆”忙完后对奶奶说：“女鬼已经被我降服。”奶奶舒了一口气，拿出钱来表示感谢。

我们知道，只有有生命的物质才可能有血液，但我们身边通常可见的玩具布娃娃竟然被扎出了“血”，这是怎么回事呢？你知道吗？

科学揭秘

其实,“师婆”的剑根本不是什么“宝剑”,那“圣水”只不过是普普通通的纯碱溶液。布娃娃穿的黄裱纸是用天然染料染过的,这种染料是从姜黄中提取的。剑上沾有纯碱溶液,碰到姜黄这种物质就会发生化学反应,使黄色立即变成了红褐色,看上去就像血一样。

知识链接

化学上把像姜黄这类能够以本身颜色的变化来指示某些物质的酸碱性的物质,叫指示剂,常见的有石蕊指示剂、酚酞指示剂等。

拓展眼界 姜黄是种姜科植物,在中国及印度文化中被广泛应用,尤其是中国人用来养命、养性和治病。其活性成分姜黄素使姜黄呈现黄色。据中国及印度的医疗史记载,人类长久使用不会发生任何副作用,近代科学研究也证实了姜黄素本身不但安全,而且还具有多种促进健康的效果。

18.水的污染

小明的家住在偏远的山村，那儿空气好，水也好。

这年放暑假，他第一次到城里姑姑家玩。

小明住在山里，从没用过自来水。第一天他打开自来水龙头喝水，发现水比较浑浊，用鼻子一闻，带有一股轻微的气味，他摇摇头，叹了口气说："唉，都说城里污染严重，果然连喝的水都被污染成这个味道。"

姑姑在客厅里听到小明的叹气声，笑着对他说："那不是污染，而是为了消毒，水里放了氯气，所以才有味。"

小明心里仍有点不服姑姑的解释：这水没有被污染放什么氯气？再说，气体怎么能放到水里呢？

你能把其中的道理给小明讲清楚吗？

科学揭秘

因为氯气能溶于水，并能和水发生化学反应，生成的次氯酸具有杀菌作用。

知识链接

氯气在自然中以化合态存在，并有着广泛的用途，可以用来消毒，制造盐酸和漂白剂，还可以用来制造氯仿等有机溶剂和多种农药。

拓展眼界

我们的祖先早就用明矾来净化水。明矾处理后的水能除去70%～90%的悬浮物和细菌。明矾水解产生的氢氧化铝胶体微粒具有较大的表面积，能吸附阳离子，因而带有正电荷。而水中悬浮着许多微小的胶体粒子——泥沙胶粒，因其吸附阳离子而带负电。水中加入明矾后，带正电荷的氢氧化铝胶体微粒中和了泥沙胶粒的负电荷，因此使泥沙胶粒凝聚，沉淀下来，水就变清了。

19.铁条变金条

小明是个魔术迷，凡是有什么魔术表演他都要去观看。

这天，小镇里来了一个魔术师，在镇上的街道旁搭了一个台子后，就开始表演起来。当然，小明是不会错过这个机会的，就挤了过去。

魔术师吆喝了几句，就开始表演起来。只见他从地上拿起一个装有蓝色液体的瓶子放在桌子上，然后又拿出一根几厘米长的铁条，笑眯眯地走到台前："你们看看，这是什么？"

"铁条！"小明仔细地看了看说。

"对，这就是一根普普通通的铁条。"魔术师笑着说。

别的小朋友也挤过来瞅了瞅："是根铁条。"

"大家都看清了，这是根铁条。"魔术师说，"那么，现在我要把这根铁条变成金条！大家信不信？"

没有人回答。

"我知道你们不信！"魔术师笑着说，"那我就叫你们耳听为虚，眼见为实。"

说完，魔术师把铁条放进了那瓶水里，晃来晃去，最后把铁条从液体中取出。啊！铁条变成了"金条"——金光闪闪，耀眼夺目。

这铁条怎么会变成金条呢？小明有点傻眼了。那么，你知道其中的奥秘吗？

科学揭秘

其实，魔术师的那瓶水不是普通的水，那水里面放了无水硫酸铜。硫酸铜溶于水成硫酸铜溶液，该溶液与铁发生置换反应，生成的铜附着在铁条的表面。实际上，魔术师变成的“金条”是一根镀铜的铁条。

知识链接

无水硫酸铜是一种白色固体，不溶于乙醇和乙醚，易溶于水，水溶液呈蓝色。将硫酸铜溶液浓缩结晶，可得到无水硫酸铜蓝色晶体，俗称胆矾。胆矾在常温常压下很稳定，不潮解，在干燥空气中，会逐渐风化。

拓展眼界

硫酸铜有毒，它在农业上用作杀菌剂。一种叫波尔多液的农药就是用无水硫酸铜和石灰乳配制的，它是一种天蓝色的黏性液体。波尔多液的杀菌效率比单用硫酸铜高，而对作物的药害较小。在工业上，精炼铜、镀铜以及制造各种铜的化合物时，都要用到硫酸铜。

20.隐形杀手

在一个小小的山村，住着十几户人家。这里的每家每户都喜欢种菠菜，自家吃不完的就拿到邻村去卖。

有一年，这个村子的菠菜长势特别好，到了丰收的季节，每家都堆满了菠菜，卖又卖不掉，于是这里的人就一天三顿吃菠菜。

这样的日子过了两三个月，有一天，村子里出现了一个奇怪的现象：张家刚满两岁的儿子手脚抽搐，很多小孩也变得面黄肌瘦。

刘老汉食欲不振，味觉下降，起初刘老汉以为自己年龄大了，出现这些症状很正常，也没在意。直到有一次和一群人下棋时谈到这些，才知道，原来很多人都有和他类似的感觉。村民们都很纳闷，不知道是怎么回事。

直到有一天，县里的医生来这里进行普查，人们才弄明白了其中的原因。

科学揭秘

原来，这是由于长期吃菠菜引起的。菠菜中含有草酸，食物中的钙、锌能与草酸结合排出体外。经常吃菠菜，会引起体内缺钙、缺锌，从而引起食欲不振，味觉下降，儿童发育不良，甚至出现手足抽搐和软骨症。

知识链接

草酸又叫乙二酸。无水草酸是无色无臭的透明结晶或白色粉末，有毒。溶于水、酒精及乙醚中。与浓硫酸作用则失去水分，分解为二氧化碳气体和一氧化碳气体。草酸还有还原性，遇氧化剂易被氧化成二氧化碳气体和水，与碱类起中和作用，生成草酸盐。

拓展眼界

草酸在化学工业上用于制造季戊四醇、草酸钴、草酸镍、碱性品绿、钢铁、土壤分析成套试剂、化学试剂等。

21.茶水变墨水

联欢晚会上，魔术师表演了一个叫“茶水变墨水”的节目。

魔术师先拿出两杯“茶水”，在观众面前晃来晃去，让观众仔细地看了看。为了展示他的伟大“魔力”，他经常随便叫一位观众，让他仔细品尝一下，确认是茶水。而后又开始随着音乐踱来踱去，似乎在采集天地之灵气。

当他把观众的胃口吊到极致以后，便开始操作了。只见他对着这杯茶水吹上两口“仙气”，又对着那杯“茶水”吹上两口“仙气”，而后把两杯“茶水”倒在一起，摇一摇，一会儿，杯里的“茶水”变成了黑色……顿时台下响起一片掌声。

“真奇妙、真奇妙，想不到，几分钟内，一杯茶水变成了一杯墨水。”有的观众啧啧地称赞着。

你知道，这魔术奇妙在什么地方吗？

科学揭秘

其实，魔术大师并非有真正的魔力，而是他在两杯“茶水”里做了“手脚”，两杯“茶水”中，一杯是真茶水，而另一杯是绿矾水。茶水里含有单宁酸，与绿矾能发生化学反应，生成一种叫单宁酸铁的蓝黑色物质。

知识链接

绿矾又称铁矾，浅蓝绿色单斜晶体或者结晶体颗粒，无臭，具有还原性的酸性盐。

工业上用作制造磁性氧化铁、氧化铁红及铁蓝颜料、聚合硫酸铁等的原料。水处理工业上用作澄清浊水的混凝剂，用以处理含铬废水及含镉废水。化学合成上用作还原剂及催化剂。

医药工业中用作补血剂及局部收敛剂。还用作木材防腐剂、饲料添加剂、除草剂及防治植物绿色素缺乏症的药物。

知识漫画

22.火焰写字

又到了化学实验课，乐乐最喜欢上这节课了，因为老师总是有新的花样，像变魔术一样。

今天老师又会做些什么呢?

上课铃刚响过，老师就走进了教室。他先拿出一张准备好的纸，然后对同学们说：“今天，我做的这个实验就是用酒精灯在这张纸上写字。”说完他抖了抖手中一张洁白的纸。

“你们知道怎样用酒精灯在纸上写字吗？”老师又问。

“不知道！”同学们齐声答道。

“好，那我就来教你们怎样用酒精灯在纸上写字吧！”

老师说完，点燃了酒精灯，把纸放在酒精灯的火焰上轻轻地烘烤，慢慢地拖动，让酒精灯蓝色的火舌“写字”。一会儿，那洁白的纸上渐渐出现了一排黑色的越来越清晰的字：“现在开始上课。”同学们欢叫起来。

你知道这是怎么回事吗?

科学揭秘

其实这些字是事前写好的，不过用的不是墨水，而是一种名叫稀硫酸的物质。

知识链接

浓硫酸是无色油状液体，高沸点，难挥发，易溶于水，能以任意比例与水混溶。浓硫酸溶解时放出大量的热。浓硫酸具有脱水性，物质被浓硫酸脱水的过程是化学变化的过程，反应时，浓硫酸按水分子中氢氧原子数的比（2∶1）夺取被脱水物中的氢原子和氧原子。可被浓硫酸脱水的物质一般为含氢、氧元素的有机物，其中蔗糖、木屑、纸屑和棉花等物质中的有机物被脱水后生成了黑色的炭（炭化）。

考考你

下图中A、B两个玻璃杯子都盛上了水。那么，你知道哪个杯子盛的是烧过的开水，哪个杯子盛的是自来水吗？

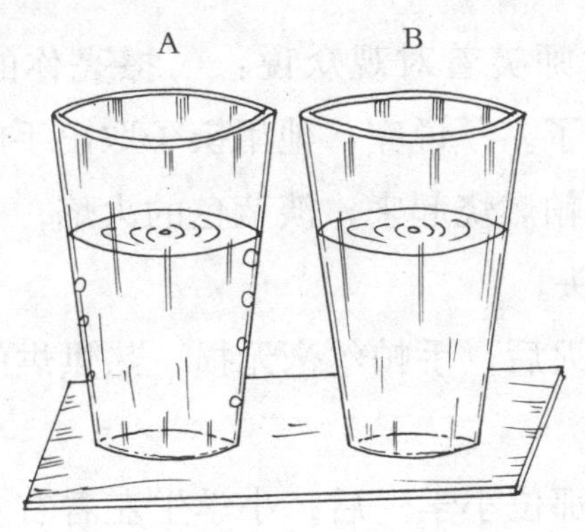

答案

A杯盛的是自来水，B杯盛的是开水。没有气泡的是烧过的开水，有气泡的是自来水，因为没烧开的水里面有许多空气。

23.不怕烧的手帕

魔术师经常喜欢表演的节目就是烧手帕，而且是自己带的。

这次，魔术师为了证明自己没有搞鬼，随机向观众问道："有谁愿意把自己的手帕、毛巾或物品拿出来烧一下，看看真金不怕火炼？"

台下一片沉默，谁都怕自己的东西被烧坏。

在魔术师"烧坏一块赔十块"的承诺下，一位小学生掏出一块手帕递给魔术师。

魔术师在谢过这位小学生后，开始表演了。他先点燃了酒精灯，再把从"水"里浸透的手帕拿出来，轻轻地挤掉水，然后浸到酒精溶液里。

过了一会儿，魔术师笑着对观众说："擦亮你的眼睛，看清楚了，精彩时刻马上就到了。"说完，他用镊子取出手帕往酒精灯上一点，"啪"的一声，手帕燃烧起来，淡蓝色的火焰，一伸一缩，像蛇在不停地吐着可怕的舌头。

奇怪的是，当火熄灭后，手帕丝毫无损，热烘烘的，没有一点被烧焦的痕迹。

魔术师把手帕还给那位小学生后，小学生左看右看，果真一点儿都没被烧坏。不过，他没找到这手帕没有被烧坏的原因。你明白吗？

科学揭秘

当手帕被点燃时，烧的是手帕上的酒精，手帕被湿淋淋的一层水保护着，所以手帕烧不坏，酒精烧干了，火也就灭了。

知识链接

酒精一般指乙醇。

酒精是一种很好的有机溶剂，它能和水、乙醚、甘油等以任意比例混合。酒精与水混合时，放出热量、体积缩小。体积缩小这一性质在配制一定体积的混合溶液时值得注意。酒精能使细胞蛋白质凝固变性，因此具有杀菌能力，75%的酒精杀菌能力最强。少量的酒精对人大脑具有兴奋作用。

考考你

有甲、乙两堆烧得很旺的火。如用热水浇灭甲，用冷水浇灭乙。请问，哪一堆火先灭？为什么？

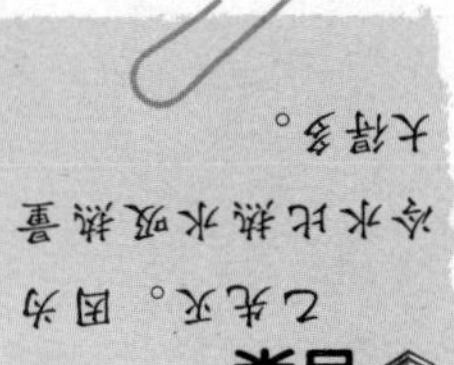

24.不灭的蜡烛

果果和文文是两兄妹。这一天，妹妹文文过生日，爸爸妈妈为她开了一个生日会，并准备了一个大生日蛋糕。

生日会开始了，文文许愿之后，用力将蜡烛吹灭。可她刚抬起头，那熄灭的蜡烛竟又自己重新燃烧起来。于是文文再次鼓足了气把蜡烛吹灭。可她刚抬起头，那熄灭的蜡烛又自己燃烧起来。

这可怎么办呢？妹妹不知这是怎么回事，愣在那儿。

正当文文发愣时，果果却在一旁笑得前俯后仰。

文文知道这一定是哥哥捣了什么鬼。那么，你知道果果是怎么捣的鬼吗？

科学揭秘

原来，果果从化学实验课上跟老师学了一招：他在蜡烛的芯内藏了一些易燃物件，有金属铝和铁等，但以镁最多，因为镁的燃点低。当蜡烛燃烧时，芯里的镁被液化了的石蜡包围着，使它与氧气隔绝。但当火焰熄灭时，镁粉接触到氧气，燃烧起来，从而使蜡烛重新燃烧起来。

知识链接

镁为银白色金属，能与大多数非金属和酸反应；在高压下能与氢直接合成氢化镁。镁能与卤代烃或卤化芳烃作用合成格氏试剂，广泛应用于有机合成。镁具有生成配位化合物的明显倾向。

拓展眼界

镁是航空工业的重要材料，镁合金用于制造飞机机身、发动机零件等；镁还用来制造相机和光学仪器等；镁及其合金的非结构应用也很广泛；镁作为一种强还原剂，还用于钛、锆、铍、铀和铪的生产中。

25.听话的鸡蛋

今天第三节课是化学实验课。

上课后，老师对同学们说：“大家都知道，如果我们把生鸡蛋放到水里，鸡蛋就会下沉。可是今天，有一个十分听话的鸡蛋，我让它上浮它就上浮，让它下沉它就下沉。”

世上真会有这种鸡蛋吗？同学们都瞪大眼睛望着老师。

这时老师从包里拿出一只大玻璃杯和一个装有液体的玻璃瓶，接着又拿出一个生鸡蛋来。

老师笑着说：“今天的实验叫听话的鸡蛋。”只见他把瓶里的液体倒入大杯子中，然后把鸡蛋放进去。

“沉下去。”老师说道。

果真，那鸡蛋就真的下沉了。

过了一会儿，老师又说：“浮起来。”

那鸡蛋真的又浮起来了。

这样反复了好几次，神了，那鸡蛋非常听老师的话，上上下下的，把同学们都看惊呆了。

你知道这是怎么回事吗？

科学揭秘

其实那瓶溶液是稀盐酸，鸡蛋外壳遇到稀盐酸时会发生化学反应而生成二氧化碳气体，二氧化碳气体所形成的气泡紧紧地附在蛋壳上，产生的浮力使鸡蛋上升。当鸡蛋升到液面时气泡所受的压力变小，一部分气泡破裂，二氧化碳气体向空气中扩散，从而使浮力减小，鸡蛋又开始下沉。当沉入杯底时，稀盐酸继续不断地和蛋壳发生化学反应，又不断地产生二氧化碳气泡，从而再次使鸡蛋上浮。这样循环往复上下运动，最后当鸡蛋外壳被盐酸作用光了之后，反应停止，鸡蛋的上下运动也就停止了。但是此时由于杯中的液体里含有大量的氯化钙和剩余的盐酸，所以最后液体的比重大于鸡蛋的比重，鸡蛋浮在液体上部。

水里面有氧，但为什么不能燃烧

在化学式中，水用化学符号H_2O来表示，氧用O_2表示。水是化合物，而氧是化学元素。这是两种性质完全不同的物质。因为这是化合物与化学元素，所以性质也不一样。不要认为有氧就能燃烧。那么，二氧化碳气体里的氧比水中的氧更多，那不是更容易燃烧了吗？其实不然，水和二氧化碳气体不仅不能燃烧，相反，在灭火时却常常使用水和二氧化碳气体。

26.玻璃棒点燃冰块

小军是个化学迷，他对果果说："我能用玻璃棒点燃冰块。"

"用玻璃棒点燃冰块，你是不是在跟我说笑话？"果果用怀疑的目光看着小军。

"不骗你，我说的完全是真的。"小军一脸严肃地答道。

"那肯定又是利用化学物品吧？"果果试探着问。

"没错，被你猜中了。"小军一点也不隐瞒。

接着，小军开始了他的表演。这次小军没有卖关子，而是一边做一边解释着。只见小军先在一个小碟子里倒上1～2粒黑褐色固体，说这是高锰酸钾，然后轻轻地把它研成粉末，再滴上几滴浓硫酸，用玻璃棒搅拌均匀。

蘸有这种混合物的玻璃棒，就是一支看不见的小火把，它可以点燃酒精灯，也可以点燃冰块。不过，要在冰块上事先放上一小块电石，这样，只要用玻璃棒轻轻往冰块上一触，冰块马上就会燃烧起来，而且经久不息。

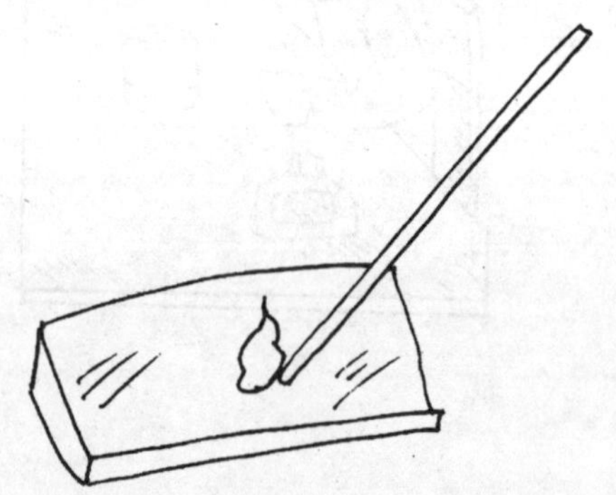

小军说着，用玻璃棒朝冰块上轻轻一点，真的，冰块果然被点着了。

不过，你知道这其中的奥妙吗？

科学揭秘

原来冰块上的电石能和冰表面上少量的水发生反应，这种反应所生成的电石气是易燃气体。由于浓硫酸和高锰酸钾都是强氧化剂，它足以把电石气氧化并且立刻达到燃点，使电石气燃烧。另外，由于水和电石反应属于放热反应，加之电石气的燃烧放热，更使冰块溶化成的水越来越多，所以电石反应也愈加迅速，电石气产生的也越来越多，火也就越来越旺。

知识链接

碳化钙为无色透明晶体，不溶于任何媒介。通常我们所说的电石是指工业碳化钙。它是在电石炉中用焦炭和石灰制得的。电石的熔点随电石中碳化钙含量的改变而改变，纯碳化钙的熔点为2300℃。电石能导电，其导电性能与电石纯度有关。碳化钙含量越高，导电性能越好。反之，碳化钙含量越低，导电性能越差。电石的导电性能与温度也有关系，温度越高，导电性能则越好。

27.煎药要用砂锅

贝贝的妈妈生病了，医生给她开了一服中草药，再三叮嘱其妈妈，熬药时不要用金属锅，要用瓦罐。

因家里没有瓦罐，农村有种风俗，药罐子是不能借的，否则会把疾病借回家。去买吧，时下这种专门熬药的瓦罐又难以买到。于是，妈妈就用铁锅熬了，觉得这也没什么大碍。

可当妈妈掀开锅盖的时候却傻眼了，只见草药变成了黑糊糊的渣子，水也熬干了。

原来铁和草药发生了化学反应，所以草药变黑了。另外，铁锅传热快，水很快就会沸腾，所以不久，水就变成水汽逃走了。

知识链接

草药中一般都含有鞣酸。鞣酸别名鞣质、单宁、单宁酸，系由五倍子中得到的一种鞣质。为黄色或淡棕色轻质无品性粉末或鳞片，有特异微臭，味极涩。溶于水及乙醇，易溶于甘油，几乎不溶于乙醚、氯仿或苯。其水溶液与铁盐溶液相遇变蓝黑色，加亚硫酸钠可延缓变色。为收敛剂，能沉淀蛋白质，与生物碱、甙及重金属等均能形成不溶性复合物。

玩一玩

把方糖放在金属盒盖上，擦燃火柴点点看，方糖是否会被点燃？在方糖上放少量的香烟灰，再擦燃火柴，把燃着的火柴也放在方糖上。此时，方糖被点燃了吗？

观察结果

用火柴直接点方糖，方糖没有被点燃；当方糖上放有烟灰时，方糖被点燃了。

在这个实验中，烟灰起到了催化剂的作用。当用火柴直接点方糖时，由于方糖的化学反应速度慢，所以没被点燃；当用火柴去点有烟灰的方糖时，烟灰的化学成分起到了加速化学反应的作用，故方糖被点燃了。

28.这下着火了

圆圆是个贪玩的孩子，他买了一支小水枪，只要一按，枪里便会喷出水来。圆圆整天拿着水枪这儿喷喷，那儿喷喷，觉得十分好玩。

这天，圆圆看见炉子里的火，就向上面喷水，结果发现水滴在煤块上，不但没有把火烧灭，火反而烧得更厉害了！在被水滴湿的煤块上，不但发出了噼啪的响声，而且火苗跳得更欢，闪出了蓝色的火舌！

这是怎么回事啊？圆圆瞪大了眼睛。这是不是化学变化呢？喜爱化学的圆圆又联想到了化学。

请你想一下，这真的与化学变化有关吗？

科学揭秘

这确实是化学反应。水一遇上炽热的煤，立即生成一氧化碳气体和氢气。这两种气体都能燃烧，而且会发出淡蓝色的火焰。

知识链接

在通常状况下，一氧化碳是无色、无味、有毒的气体。

一氧化碳气体经呼吸道进入人体后，与血液中的血红蛋白结合，形成稳定的碳氧血红蛋白，随血流分布全身。一氧化碳气体与血红蛋白的亲和力比氧和血红蛋白的亲和力大200～300倍，因此与氧争夺血红蛋白并结合牢固，致使血红蛋白携氧能力大为下降，造成全身缺氧血症。人的中枢神经系统对缺氧最为敏感，因此当缺氧时，脑组织最先受损，造成脑功能障碍、脑水肿，直接威胁生命。

29.泡在石灰水里的柿子

有一群游客来到农村某风景区旅游，生长在城市里的人对农村的一切都感到新奇。

这天大家玩累了，回到预订的农家小院。有一名游客看到农家院的角落里放了几个大缸，出于好奇，就想去看大缸里装着什么东西，掀开盖，嘿，好多青柿子，泡在冷石灰浆里。看看其他缸里，也都是青柿子。

为什么要把青柿子放在石灰水里呢？

小院的主人笑着走了过来，解释道，柿子放在石灰水里是为了脱涩，以前在市场上买的青柿子之所以特甜，都是经过了脱涩处理的。

“柿子为什么会涩呢？”一名游客问道。

柿子为什么会发涩，这农家小院的主人却回答不出来了。那么，你知道吗？

科学揭秘

青柿子发涩是因为柿子里含有一种叫单宁酸的化学物质，这种物质会刺激口腔里的触觉神经，给人一种“涩”的感觉。涩柿子被浸泡在石灰水里，隔绝空气，不生虫子，柿子的果实就会分解出糖分，产生二氧化碳气体和酒精，化解难以下咽的涩味儿，使柿子变得柔软、清冽、甘甜。

知识链接

柿子除了可以用石灰水脱涩外，还可用下列方法：

1.将柿子装进塑料袋中，里面放一两个苹果，把口扎紧，2~3天即可脱涩。

2.将柿子装入清洁的缸内（忌用铁器），注入40℃~50℃的温水，或四周用厚草帘包严，温度保持在40℃左右，12~24小时便可脱涩。

3.将柿子放入缸或水桶内，注入凉水淹没柿子。每隔2天换一次水，经7天左右便可脱涩。用此法脱涩的柿子比用温水脱涩的柿子要脆。

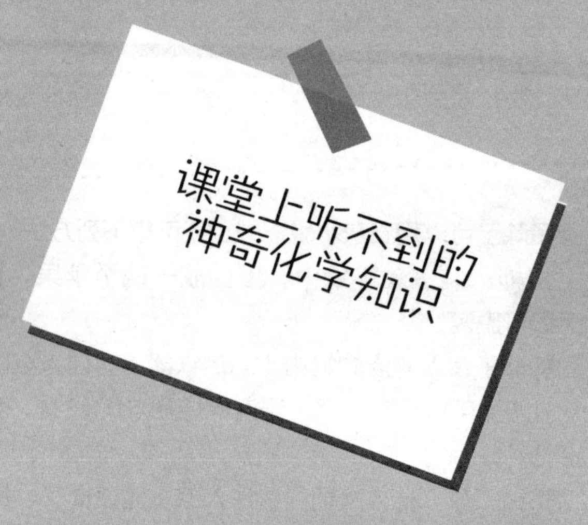
课堂上听不到的
神奇化学知识

三
当疯狂的化学遇上工业

1.捕捉死亡元素

1872年，莫瓦桑应弗雷米教授的邀请，来到了实验室和他共同研究死亡元素——氟。

那时，教授正在研究氟化物，莫瓦桑成为他的学生后，就接过了这一化学界的难题。

“为了感谢恩师的知遇之恩，一定要捕捉死亡元素。”莫瓦桑对自己说。

于是，莫瓦桑开始查阅各种学术著作、科学文献，把与氟有关的著作通通读了一遍。经过大量的研究试验，莫瓦桑得出一个结论：实验失败的原因可能是进行实验时的温度太高。

莫瓦桑认为，反应应该在室温或冷却的条件下进行，电解成了唯一可行的方法。

于是，他设计了一整套抑制氟剧烈反应的办法。他在铂制的曲颈瓶中，制得氟化氢的无水试剂，再在其中加入氟化钾增强它的导电性能。然后，他以铂铱的合金为电极，氯仿做冷却剂，并设计了一个实验流程，让无水氟化氢、氯仿以及萤石塞子做主要部分，把实验放在−23℃的状态下电解，终于在1886年制得了单质氟，捕捉到了“死亡元素”。

知识链接

单质氟是一种淡黄色的气体。在常温下，它几乎能和所有的元素化合；大多数金属都会被它腐蚀，甚至连黄金在受热后，也会在氟气中燃烧。如果把氟通入水中，它会把水中的氢夺走，放出氧气。

拓展眼界 1916年，美国科罗拉多州一个地区的居民都得了一种怪病。无论男女老幼，牙齿上都有许多斑点，当时人们把这种病叫作“斑状釉齿病”，现在人们一般都把它称作“龋齿”。

原来，这里的水源中缺氟，而氟是人体必需的微量元素，它能使人体形成强硬的骨骼并防预龋齿。当地的居民由于长期饮用这种缺氟的水，因而对龋的抵抗力下降，全都患了病。

为何人体缺氟会患上龋齿呢？这是因为，我们每天吃的食物都属于多糖类。吃完饭后如果不刷牙，就会有一些食物残留在牙缝中。在酶的作用下，它们会转化成酸，这些酸会跟牙齿表面的珐琅质发生反应，形成可溶性盐，使牙齿不断受到腐蚀，从而形成龋齿。而氟能防止口腔中酸的形成。

2.神秘的“鬼火”

你知道“鬼火”吗？

夏日的夜晚，在墓地处常会出现一种青绿色的火焰，一闪一闪，忽隐忽现，十分诡异。很多人遇到这种情况都会毛骨悚然，汗毛直立，赶紧逃跑。谁知，那火像幽灵似的，你跑它也跑，古人认为这是鬼魂在作怪，就把这种神秘的火焰叫作“鬼火”。

古时候，有个叫李德的人，有一次和朋友聚会，因贪杯而醉倒在朋友家中，晚上大约十点钟，李德迷迷糊糊辞别朋友回家。

经过一片坟地时，李德突然发现一撮绿油油的火焰跟着自己，他走多快，那绿火就走多快。这时，李德的酒劲儿全被吓醒了，他认为自己碰到了鬼魂，吓得他一口气跑回家中。从此以后，李德一病不起。

这“鬼火”究竟是怎么回事呢？

科学揭秘

其实，这不是什么“鬼火”，而是磷在作怪。

原来，人类与动物身体中有很多磷，死后尸体腐烂生成一种叫磷化氢的气体，这种气体冒出地面，遇到空气后会自我燃烧起来，但这种火非常小，发出的是一种青绿色的冷光，只有火焰，没有热量。其实，不管白天还是黑夜，都有磷化氢冒出，只不过白天日光很强，看不见“鬼火”罢了。

知识链接

为什么夏天的夜晚在墓地常看到“鬼火”，而“鬼火”还会走动呢？这是因为夏天的温度高，易达到磷化氢气体的着火点而出现“鬼火”。又由于燃烧的磷化氢随风飘动，所以，所见的“鬼火”还会跟人走动。这就是旷野上的“鬼火”。

拓展眼界 磷化氢是无色气体，空气中含少量P_2H_4可自燃；达到一定浓度时可发生爆炸。能与氧气、卤素发生剧烈化合反应。通过灼热金属块生成磷化物，放出氢气。还能与铜、银、金及其盐类发生反应。

3.黑夜里的闪光灯

这是一件发生在很久前的事。

有一个农民进城做生意，晚上没事就出来闲逛。突然，几百米外有一灯光一闪一闪的。

“难不成遇上了鬼？”这样想着，他不但没被吓跑，反而好奇地凑了过去。

“这哪里是什么鬼哟，原来有人在拍照。”农民舒了一口气，但他还是很迷惑，闪光灯一闪就能拍出照片来，那么，闪光灯里装的是汽油还是酒精呢？

当然，这闪光灯里装的肯定不是汽油和酒精。那么，你知道装的是什么吗？

科学揭秘

其实闪光灯里面装的是金属——镁或铝。可是，镁或铝都是金属，尤其是铝，我们最为熟悉的铝锅、铝盆，家里多的是，为什么不燃烧呢？其实，铝或镁只要研磨成极细的粉末，即铝粉或镁粉，极容易燃烧，能释放出大量的热，可以把铁熔化。

在闪光灯里装上极细的铝粉和镁粉，使用时只要轻轻地按一下快门，在百分之几秒内就能燃烧完毕，发出耀眼的光芒来，一瞬间完成胶片感光这一使命。

知识链接

镁可以和二氧化碳反应生成氧化镁和单质碳。在高温下镁也可以和水反应生成氧化镁和氢气。

4.贪心的财主

很久以前，有一个贪心的老财主，一心想有朝一日自己的屋里堆满黄金，这样的话自己一辈子不用忙碌，连子孙也不愁吃不愁穿。可是，到哪里去弄这些黄金呢？他整天为这事儿愁眉苦脸。

有一天，门前来了一位老道，他自称发现了很多黄金，但他乃出家之人，不贪恋富贵，只要有人能出100两黄金让他去修庙，他就把“宝藏”的地址告诉他。老财主听说了觉得很划算，就给了老道100两黄金，老道也很守信用，果真把老财主带到了“宝藏”的藏身之地。老财主一看岩石上、山谷中都金光闪闪，心里乐开了花，这下赚大了。

于是他就派人把守，而自己每天带着家人去拣“黄金”。每一次，他都在心里情不自禁地说：“真是老天有眼啊！”时间一天天地过去了，他的屋子果然堆满了“黄金”。

有一天，老财主看上了别人家的一块地，于是他拿出一块“黄金”到珠宝店去换钱。可是，珠宝店的老板一看，立即把它扔到地上说：“这根本就不是什么‘黄金’，它是一种矿石！”

老财主一听，两眼翻白，一下晕倒在地。

你知道老财主家的“黄金”究竟是一种什么矿石吗？

科学揭秘

这是一种黄铁矿，它的主要成分是二硫化亚铁，是提取硫、制造硫酸的主要矿物原料。其特殊的形态色泽有观赏价值。

知识链接

氧和硫都属于氧族元素，化学性质相似。自然界中有过氧化物，但却没有过硫化物，这与其具体化学性质有关。氧气有比较强的氧化性，而过氧化物的氧化性更强，因此把过氧化物的O—O键称为“过氧键”，因此，就叫过氧化物。而硫的氧化性很弱，把含有S—S键的物质命名为过硫化物有失妥当，就命名为多硫化物。凡是有几个硫原子以直接相连的方式结合起来再和其他元素成键的都称为多硫化物，二硫化亚铁也属于多硫化物，所以FeS_2被称为二硫化亚铁，而不是过硫化亚铁。

5.变色的眼镜

莉莉和文文是好朋友，她们相约星期天去湖边玩。

早晨出发时，她们各自戴着一副眼镜。这时的眼镜看上去就跟一普通的近视镜差不多，能够透过镜片看到那一对水汪汪的眼睛。

一上午她们都玩得很开心、很快乐。

快到中午的时候，她俩脸上的眼镜竟然变成了墨镜。当然，她们并没有换眼镜，还是早晨出发时的那副眼镜。

这是怎么回事呢?

原来，莉莉和文文戴的是变色眼镜。这变色眼镜有一种特殊的功能，当四周光线太强，刺得人眼睛睁不开的时候，镜片就会自动变暗；当四周光线较弱时，镜片又能变成无色透明的。

那么，你知道这其中的原因吗?

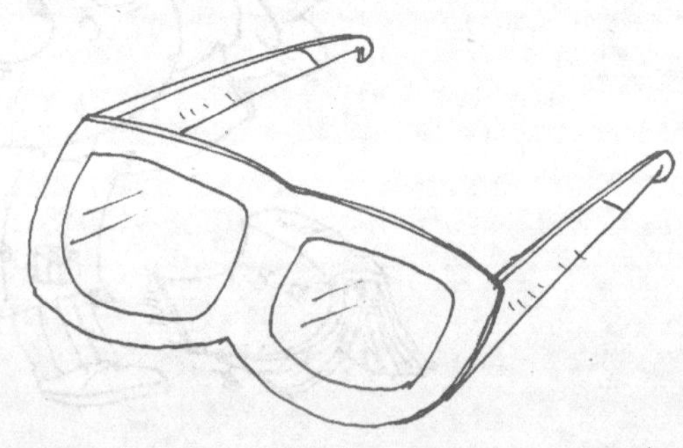

科学揭秘

这是因为这种特殊的镜片在熔化了的玻璃中加入了硫化银和氯化铜。原理在于硫化银在阳光的照射下进行了氧化还原反应：硫离子被氧化为硫原子，而银离子则被还原为银原子。这样，银原子便会把镜片变黑，遮挡阳光。

知识链接

硫化银是一种化学物质，能够以微小的晶体状态均匀地分布在镜片中。一旦强光照射，这些颗粒状的晶体对光线立即形成反射或散射，使镜片变黑、变暗；当光线变暗时，镜片又能自行恢复成原有的透明状态。

水银是金属吗

水银是唯一在常温下呈液体的金属。在一般的概念中，总认为金属是固体的，当然，如果把水银加至它的沸点以上，它会变成气体，而在非常冷的温度下，它也会变成固体。

6.神泉

有一个年轻人，去维也纳寻找工作。由于一路奔波劳碌，风餐露宿，他的双腿沉重极了，浑身滚烫，实在撑不住了，竟然一头倒了下去。

一位善良的老人发现了这位年轻人，告诉年轻人他患上了匈牙利病，即斑疹伤寒。这种病很厉害，弄不好会伤及性命的。老人说，当地的人得了这种病都是用森林里的泉水来治疗的。

年轻人别无他法，只好带着一线希望，随老人来到了那片林子里，并搭好棚子，每天由老人舀来泉水让年轻人饮用。一个月以后，年轻人的病果然奇迹般地好了。

可是，他一直弄不明白为什么泉水能治病，当地的居民也说不清楚。

最终，年轻人在维也纳一家药房找了份工作，使自己安顿下来。于是，他立即投身到研究中，从书本上认识、了解矿物质的一些特性特点，在药房里用器具进行试验，尤其是对那“救命”的泉水更是不能忘怀。

他再次从那片森林里取来泉水的“样品”，精心地探究起来。终于有一天深夜，年轻人突然兴奋地喊起来：“找到啦，找到啦！”

你知道年轻人找到什么了吗？

科学揭秘

原来，泉水能治病是因为水里含有一种带结晶水的硫酸钠。现在人们还用它来给人治病。此外，泉水中溶解了大量的矿物质元素，对多种疾病是有特殊疗效的。

知识链接

钙具有强筋壮骨、调适心跳频率、血凝速度和神经传导等功能；还可消除紧张，防止失眠。

锌能促进骨骼的增长，能防止动脉硬化、皮肤疾病。缺锌可引起侏儒症、皮肤病等，癌症的成因，也与缺锌有关。

人体血液中，起输氧作用的血红素，就是一种含铁的物质。缺铁会引起贫血，使人气短、晕眩、倦怠、精力无法集中。

考考你

这架天平上，一边是生石灰，一边是沙子。现在它们平衡。那么请问，这架天平能长期保持平衡吗？

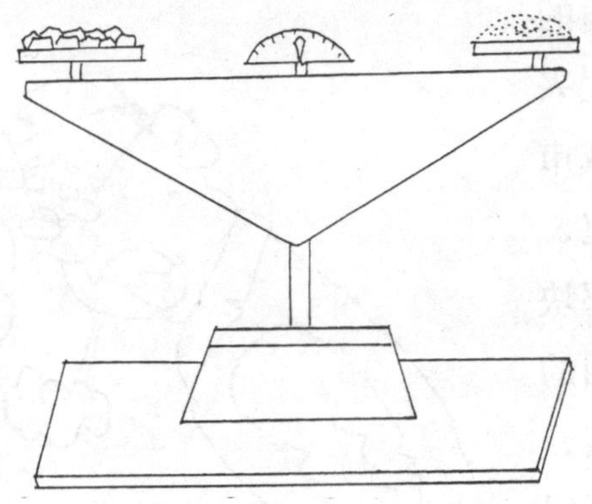

答案

不能。因为生石灰会吸收空气中的水分而变重，最终使天平失去平衡。

7.谁治好了牙痛病

加斯泰斯和那尔加尔是新西兰的两个沿海城市，在这两个城市居住的居民都患有“遗传”的牙痛病，但却无法医治。

20世纪30年代，新西兰沿海地区发生了一次非常强烈的地震。地震之后，加斯泰斯的居民惊奇地发现，靠近该城的一部分海洋竟变成了陆地。由于海底变成的陆地土壤十分肥沃，有人就试着在上面种了些蔬菜，没想到蔬菜长得非常茂盛。从此，这里便成了加斯泰斯的蔬菜基地。

几年后，奇怪的事情发生了。这个城市的居民的牙痛病好了，而邻近的那尔加尔的牙痛病患者一点也未减少。

加斯泰斯居民的牙痛病的根除，引起了专家们的极大兴趣。他们特地取了这两个城市居民平时吃的蔬菜进行研究，结果发现在原先是海洋的那块陆地上种的蔬菜中，金属钼的含量高出了许多。后来证实，正是这些钼治好了加斯泰斯居民一直“遗传”的牙痛病。

知识链接

钼富有延展性，但含有少量杂质会变得很脆，钼的化学性质也很稳定，不会被盐酸、氢氟酸、碱液所腐蚀，但初制的钼呈粉末状，因熔点高不易熔化需在高温和氢气中加压烧结才能变为块状。

拓展眼界

钼是1782年首先由杰尔姆从彩钼铅矿中分离出来的。从矿物学角度出发，钼不会单独存在，常与其他元素共生。

考考你

以下有两个杯子，其中一个杯里盛的是盐酸，另一个杯里盛的是水。在两个杯子中分别加入少量蛋壳，一段时间后观察，现象如下图。你知道哪一个杯子里盛的是水，哪一个杯子里盛的是盐酸吗？可千万别弄错了！

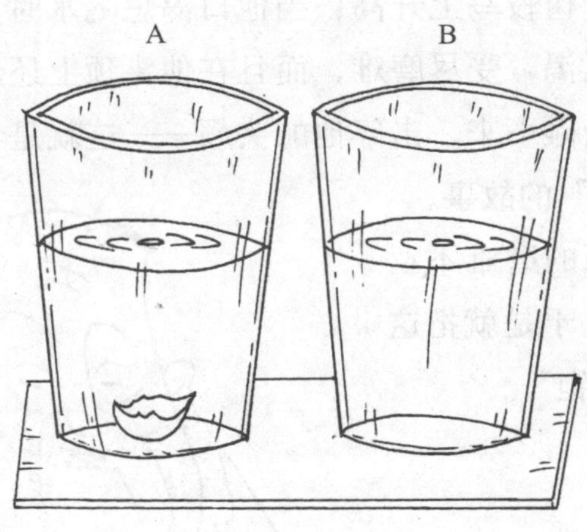

答案

A杯是水，B杯是盐酸。

因为A杯中有蛋壳，如果杯中是盐酸，蛋壳即会溶化。蛋壳没有溶化，说明此杯中是水。

8.坦塔拉斯的磨难

瑞典化学家克柏格在发现钽这一新元素的过程中历经磨难，遇到种种困难，在给这种元素命名时，他想起了小时候听过的一个希腊神话：

坦塔拉斯是天神宙斯的儿子，他身为贵胄，备受诸神的宠爱，一度曾被允许参加诸神在奥林匹亚圣山召开的会议。

但坦塔拉斯辜负了众神的信任，他向凡人泄露了天机，为此诸神非常恼怒，罚他永世站在齐脖子深的天湖中。湖面上有果树，可当他饿了想摘果子吃的时候，树枝马上升高；当他口渴想喝水时，湖水立即退去。坦塔拉斯又饥又渴，受尽磨难，而且在他头顶上还悬着摇摇欲坠的石块，仿佛随时会砸下来，击碎他的头颅——这就是希腊神话中著名的“坦塔拉斯磨难”的故事。

克柏格觉得自己经历的磨难不亚于坦塔拉斯所受的磨难，于是就把这种新发现的元素命名为“钽”。

知识链接

钽是灰白色的金属，熔点接近3000℃，比不怕火炼的黄金更耐高温。金属钽还不怕硝酸、硫酸，甚至在“王水”和浓硝酸中也不会被腐蚀。

拓展眼界

钽化学性质极其稳定，是卓越的超导材料。

钽是理想的生物适应性材料。它与人体的骨骼、肌肉组织以及液体直接接触时，能够与生物细胞相适应，具有极好的亲和性，几乎不会对人体产生刺激和副作用。钽不仅可以制作治疗骨折用的接骨板、螺钉、夹杆等，而且可以直接用于钽板、钽片修补骨头和用钽条来代替因外伤而折断的骨头。钽丝和钽箔可以缝合神经、肌腱以及1.5毫米以上的血管。

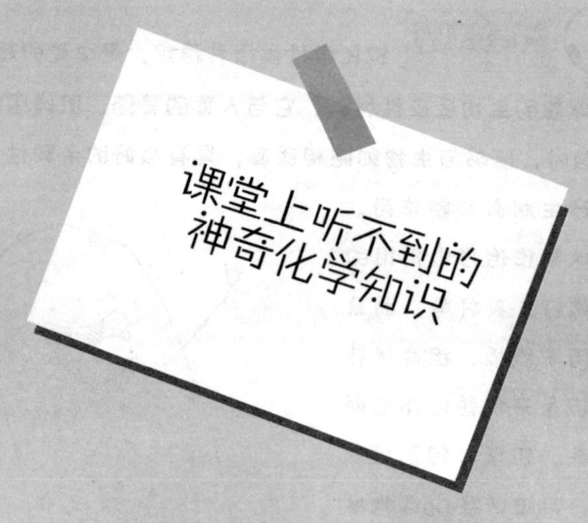
课堂上听不到的
神奇化学知识

四

你好，化学探长

1.能“吃”人的链子

在离县城附近的一个化工厂里有一个工人，由于爱人、孩子都回老家了，只剩下他一个人，所以每天下班后他就推着自行车慢慢溜达回去。

有一天中午，下班后他像往常一样推着车子往家走，突然他看见路边的垃圾堆里有一条链子，觉得很不错，于是他就捡起来揣在裤兜里。

回到家后不久，他觉得腿不能动，于是赶紧拨打了急救电话。最后把腿截掉才算保住了性命。

后来，他的事被传开了，人们都说他捡了一条能“吃”人的链子。

这是怎么回事？难道真有吃人的链子？

科学揭秘

当然，世上不可能有吃人的链子。其实，这个工人捡的这条链子是一条报废的铱放射源，这类垃圾一般都有毒，被称为“魔鬼”垃圾。

知识链接

“魔鬼”垃圾，是各种危险性极大的垃圾的总称，对人类和环境的危害极大。这些垃圾一般是由一些矿山、工厂和医院等排出的。它们可使人慢性中毒或引发癌症，造成急性或慢性死亡。

拓展眼界 有毒垃圾主要是农药、石棉、砷、汞、镉、铜以及氰化合物等的废弃物。

医院里废弃的针头、器械、血液、解剖的动物肢体及其他不洁物品，常含有大量的病菌。人如果直接接触或间接接触它们，极易受到感染，甚至染上艾滋病。

2.风俗中的科学

这是一个偏远的少数民族地区，这里有一个风俗，就是在每年的农历五月初五，人们都特别垂青雄黄。

这一天，不仅成人爱喝加入几粒雄黄的酒，小孩子中午洗个澡，在水中也要加入一些雄黄。就连那洗澡水也舍不得乱泼，而是有“计划”地洒向四周，好像是什么“仙水”似的，希望能沾到些光。

这里的人们偏爱雄黄并不是一种迷信做法，而是有一定的科学道理。

那么，你知道这其中的科学道理吗？

科学揭秘

其实，端午节来临时，各种蚊子、蛀虫等活动渐渐猖獗。把雄黄喷洒在屋里，确有杀虫防腐作用。雄黄也是中药原料，具有消肿、强心等功能。雄黄要是与其他防腐剂混合在一起，喷在船底，还能避免海蚧的寄生，增加船的航速。

知识链接

雄黄是砷的化合物，化学名字叫硫化砷，主要成分是砷。它的颜色是橘红色的，所以也叫鸡冠石。

当砷在空气中加热，就会燃烧生成白色的粉末或晶体，叫三氧化二砷，也就是我们平时所说的砒霜。它是一种毒药，只要0.1克就能让人中毒死亡。

拓展眼界

在自然界中，砷主要是以硫化物如雄黄的形式存在的。砷的各种化合物的应用很广泛，如五氧化二砷被用作杀菌剂，砷酸盐与亚砷酸盐衍生物被用作除草剂，砷酸被用于木材防腐。在玻璃、颜料、涂料、半导体颜料、制药工业等行业也被广泛应用。

3.难以扑灭的火

小张是某化工厂仓库的一名保管员。一天下午，工人们都下班回家了，剩下小张一人，吃完饭以后，小张觉得无聊，便在仓库四处溜达起来，一来是消磨时间，二来也是看看仓库有没有其他情况。

小张正溜达着，突然他发现一号仓库中堆放的镁粉正在燃烧，并放出耀眼的白光。小张急忙拨打了119，消防队员还没有到，而隔壁就是化学药品仓库，如果不及时扑灭，势必发生更大的火灾事故。

于是小张立即用工厂里准备的二氧化碳灭火器去灭火，谁知不但没有把火扑灭，反而火烧得更旺了。这可把小张吓坏了，于是他又赶忙用水浇，仍然无济于事。小张有点蒙了，这可怎么办？幸亏消除队员这时赶到了，才避免了一场更重大的火灾发生。

奇怪，二氧化碳灭火器和水都不能扑灭的火，那么，消防队员是用什么方法把火扑灭的呢？

科学揭秘

其实，消防队员用的是很普通的方法，那就是用大量的沙去灭火。

二氧化碳会和镁发生化学反应，在高温下镁也可以和水发生反应，用黄沙可以使燃烧的镁粉与空气隔绝，达到灭火的目的。

知识链接

镁为碱土金属中最轻的结构金属。镁在地壳中的含量约2.5%，是第8种最丰富的元素。镁的矿物主要有菱镁矿、橄榄石等。海水中也含有大量的镁。镁也存在于人体和植物中，叶绿素中含有镁的成分。

肥皂为什么不能在硬水中溶解

这是因为把肥皂放入硬水中后，水中的钙和镁替代了肥皂中的钠，变成了脂肪酸钙和脂肪酸镁，于是肥皂就变成了不能溶解于水的东西了。由于脂肪酸钠（肥皂）在水中易于溶化，所以，把它放在软水中问题就解决了。这就是说，当肥皂遇到硬水时，就会产生化学变化，变得不溶于水。

3.发疯的村庄

20世纪90年代，日本有个村庄里的几十名村民突然发疯，一会儿哭，一会儿笑，有的上肢震颤，有的下肢僵硬，没过几天，有人就痛苦地死去了。

“集体发疯”让这个小村庄一下子陷入了深深的苦难和恐怖中。

针对这一特殊的疾病现象，日本政府组织有关人员展开了调查。

最初，他们进行了传染病学和遗传病学的调查，都没有发现病因。最后他们发现，这个村子附近有一口井，在井的不远处埋有很多废弃的干电池，村民发疯正是由干电池引起的。

那么，干电池为什么会引起村民们发疯呢？干电池里究竟是什么东西呢？

科学揭秘

废弃的干电池中含有锰和锌两种重金属，尽管电池外层裹得结实，可是随着时间的推移，外壳渐渐腐烂，锰和锌也逐渐暴露出来，在空气和雨水的作用下，生成了有毒的物质。当这种有毒物质渗入地下，流进井水之中时，人们根本察觉不出来，长期饮用被污染的水，必然中毒而疯。

知识链接

干电池中还含有汞、镉、铅等金属物质：汞具有强烈的毒性；镉会造成肾损伤、骨质疏松、软骨症；铅能造成神经紊乱、肾炎等。

拓展眼界　1节电池产生的有害物质能污染60万升水，等于一个人一生的饮水量。1节腐烂在地里的一号电池能吞噬1平方米土地。废电池的危害之大令人触目惊心，所以我们不能将废旧电池随便扔弃。

5.这儿的葡萄没生病

波尔多是法国一个盛产葡萄的城市，当地人的主要经济来源就是种植葡萄。

他们的葡萄收成非常好，可是，好景不长。这一年，葡萄因受到一种霉菌的影响，得了一种怪病：叶子像长霉一样，变成了白色的，藤蔓慢慢枯萎，严重的会带来毁灭性的灾难——颗粒不收。

正当果农们一筹莫展的时候，传来一个消息：路边有一家葡萄安然无恙。果农们像抓到一根救命的稻草似的纷纷向园主讨教。结果园主也感到奇怪，不知所以。

这引起了米亚卢德的好奇心，他找到那个园子并对土壤、水源、环境等诸多因素进行了分析和研究，结果令他失望，没有发现异常的地方。

正当米亚卢德感到迷茫的时候，园主突然眼睛一亮：“由于我的果园在路边，行人较多，为了防止人们乱摘，我便用石灰水和硫酸铜混在一起喷了喷葡萄，这会不会和它们有关系呢？”

听了园主的一番话，米亚卢德赶紧回到实验室研究起来，他将石灰水和硫酸铜溶液按不同比例混合，喷洒到葡萄上，经过仔细的观察，他选定了一种最佳方案，研制出了第一批药物。你知道这药物叫什么名字吗？

科学揭秘

这批农药挽救了果农们的葡萄，让果农们免受了大量的经济损失。后来，米亚卢德为了纪念这座城市，就将药物命名为“波尔多液”。

知识链接

波尔多液有效成分为碱式硫酸铜，是人们常用的一种杀菌剂，且可自行配制，成本低，效果好。波尔多液喷在植物表面后，使植物表面形成一层保护膜，其膜上密布游离的铜离子，菌体或病原体落上后，接触铜离子，可使其失去活性及生命力。

玩一玩

往瓶子里加入四分之一左右的水，再加入一餐匙食用颜料，制成有颜色的溶液，以便观察实验结果。再往瓶里加入四分之一左右的油，把瓶盖盖上，摇匀。过一会儿，观察有什么现象发生？

观察结果

摇动瓶子时，油和水会暂时混合在一起，液体颜色似乎变浅了。但是，当瓶子静置一会儿后，它们又会重新分开，油又浮到有颜色的水面上。

通过观察我们发现，油和水的混合只是暂时的，它们是不能构成真正的溶液的。由于油分子之间的相互吸引力大于油分子和水分子之间的吸引力，因此油和水最终都是保持分离状态。油之所以会浮在水上面，是因为油的密度比水的密度小。

6.无形杀手

贾先生是一名中学教师，前不久买了一套房子，装修完便搬了进去。

一个月以后，贾先生的妻子看中了一套家具，便买了回来。那天晚上家具入室，可睡至早上5点钟时，贾先生夫妻俩便头昏目眩、头痛，呕吐了4次。二人感到实在有些支撑不住，便拨打了120。到医院后，医生说可能是中毒了，便立即为夫妻俩进行输液，输至下午2时才恢复正常。

回到家后，夫妻俩再也不敢住进自己的房子。买回的家具为何成了“无形杀手”呢？

贾先生便请来了专家来家检测，检测结果为这个放新家具的室内甲醛浓度为1.84毫克/立方米，而国家标准规定甲醛最高允许浓度为0.08毫克/立方米，甲醛浓度超标23倍。检测同样装修而安放旧家具的屋子，测试结果仅为0.4毫克/立方米。一套新家具差点要了他们的命。

为何甲醛会出现在家具里呢？

科学揭秘

甲醛广泛用于工业生产中，是制造合成树脂、油漆、塑料和人造纤维的原料，是人造板制造所用的脲醛树脂胶、三聚氰胺树胶和酚醛树脂胶的重要原料。目前，世界各国生产人造板主要使用脲醛树脂胶为胶黏剂，脲醛树脂胶以甲醛和尿素为原料，在一定条件下进行加成反应和缩聚反应而成。

知识链接

甲醛也叫蚁醛。常温时，它是无色而具有强烈刺激性气味的气体，易溶于水，35%～40%的甲醛水溶液叫做福尔马林。甲醛的水溶液具有杀菌和防腐作用，是一种良好的防腐剂。在农业上常用稀甲醛溶液（0.1%～0.5%）浸种，福尔马林还用来浸制生物标本。

考考你　这是一盏燃着的煤油灯。如果这样对着煤油灯吹气，你认为煤油灯还会冒黑烟吗？

答案

不会。煤油燃烧如果得到充足的氧气就会完全燃烧，不再冒黑烟。

7.不沉的小船

很久以前，在印度洋海域发生了一次海难，有五个幸存者在客船沉入大海之前，登上了一只小船，他们在海上漂流着，等待被人发现。

到了傍晚时分，他们发现小船已经坏了好几个洞，小船里渗满了海水。这时海面上风大浪高，他们担心一个大浪打来会把小船打沉，或者时间越长，小船里水灌得越多，会沉到海底。每个人的心中都充满了恐惧与不安，就这样，他们在惊恐不安之中度过了一夜。

可是，直到天亮的时候救援舰艇赶来，小船在海面上被海浪冲得晃来荡去，救援人员惊讶地发现小船上居然有很多洞，却始终没有沉下去。

为什么一只破烂的小船能在海上漂浮而不下沉呢？

科学揭秘

原来，这只小船是用特殊材料做的，这就是泡沫塑料。

泡沫塑料中有小洞洞，这是利用小苏打受热分解生成CO_2气体而成。最初，人们用泡沫塑料来制作洗澡用具和机器上的缓冲垫片。由于它具有很好的弹性，隔音、绝热性能很好，人们用它制造各种坐垫、枕头；用它来制作电话间、浴室墙壁、飞机座舱。

知识链接

塑料是一种具有可塑性的合成高分子化合物，它是以合成树脂为基本原料，在一定温度和压力下，塑制成一定形状的新型合成材料。塑料的基本成分是合成树脂。所谓合成树脂，即是以煤、石油、天然气、电石以及农副产品为原料，通过化学变化，合成的一种高分子聚合物。

拓展眼界 根据塑料分子的结构，可以把它制得像金属般坚牢、棉花般轻盈、玻璃般透明、钢一般的韧性；也可以把它制得如橡皮般的弹性、贵金属般的化学稳定性、海绵般的多孔性、云母般的绝缘性。

8.古画“复活”

佳佳的爸爸有一个姓张的同学，是一个大画家，也是个古画迷。星期日一大早，佳佳就跟着爸爸去拜访这位张叔叔。

一进门，佳佳就看见张叔叔在摆弄着一些古画。

“叔叔，你在干什么？”佳佳好奇地问。

“我在让古画‘复活’呀。”张叔叔笑着说。

佳佳听了，不解地望了爸爸一眼。爸爸没作声，却示意佳佳继续往下看。

这时，只见张叔叔亲手从画箱里拿出了一幅灰暗的、脏兮兮的古画，展开来，在佳佳面前移动，让佳佳看清楚这的确是一幅毫无生气的画。这时，张叔叔似乎有意和佳佳开玩笑，他对着一瓶“仙水”轻轻地吹了一口气，拿出刷子蘸了蘸瓶里的“仙水”扫在画面上。

过了一会儿，那幅灰暗的、毫无生气的画儿果然“复活”了，变得色彩鲜艳、耀眼夺目。佳佳看得目瞪口呆。后来，张叔叔让佳佳从他的画箱里随意挑选一幅古画，只要蘸一下瓶里的“仙水”，都会“复话”。

“这太神奇啦！”佳佳兴奋得大叫着。

那么，你知道这是怎么回事吗？张叔叔瓶子里装的又是什么“仙水”呢？

科学揭秘

张叔叔用的“仙水”是一种叫过氧化氢的化学物质。古画是古代人用铅颜料绘制的，随着时间的推移，画色会变得模糊不清、黯然失色。但是，只要用过氧化氢稍稍擦洗一番，铅颜料就能恢复原有的色泽。

知识链接

画家在绘画时，使用的颜料叫作铅白，它的学名叫作碳式碳酸铅。这种白色颜料易与空气中的硫化氢发生反应，生成黑色的Pbs，时间越长，生成的Pbs越多，白颜色也就慢慢地变得黝黑了。要使画作或壁画恢复原来的面目并不难，只需喷一些过氧化氢即可。过氧化氢与硫化铅反应生成硫酸铅，而硫酸铅是白色固体。

拓展眼界

钛白的化学成分是氧化钛，是惰性颜料，不受气候条件影响，有很强的覆盖力，是近代生产出的颜料。纯钛白颜色干得快，干后容易变黄，所以经常和锌混合使用。钛白和锌一样有无毒的优点。锌钛白是目前我国用量较大的白颜料。

9.令人愉快的气体

有一家公司，做了一个广告："明日上午九时在世纪广场进行一场十分有趣的表演，本公司为公众准备了一些愉快的气体，可以供15名志愿者使用，同时派8名大汉维持秩序，以防发生意外，望公众踊跃观看，在笑声中获得新奇感，得到精神上的满足。"

这则别致的广告迎合了无数猎奇者的心理，人们争先恐后买票来看这场令人捧腹大笑的表演，当场就有15名志愿者上台参与。

当他们吸入了愉快的气体后，个个都哈哈大笑，有的还做出各种稀奇古怪的动作。当时有一名青年吸了这种愉快的气体后，不仅大笑大叫，而且还身不由己地狂蹦乱跳，不顾别人的阻挡，从高台上往下跳，结果大腿骨折，而那青年却毫无痛苦的表情，仍然大笑不止。

当然，这种令人愉快的气体绝不是毒品，否则就违法了。那么，你知道这是一种什么气体吗？

科学揭秘

这种令人愉快的气体叫笑气，化学成分是一氧化二氮，又称氧化亚氮。它是一种无色有甜味的气体，在一定条件下能支持燃烧，但在室温下稳定，有轻微麻醉作用，并能致人发笑，能溶于水、乙醇、乙醚及浓硫酸。氧化亚氮是人类最早应用于医疗的麻醉剂之一，人吸入后狂笑不止，有麻醉作用。

知识链接

1772年，英国化学家普利斯特发现了一种气体。这种气体稍带“令人愉快”的甜味，同无臭无味的氧气不同；它还能溶于水，比氧气的溶解度也大得多。它是什么，成了一个待解的“谜”。

1798年，戴维吸了几口这种气体后，奇怪的现象发生了：他不由自主地放声大笑，还在实验室里大跳其舞，过了好久才安静下来。因此，这种这种气体被称为“笑气”。

10.比金子还贵的帽子

法国拿破仑三世是一位爱慕虚荣的皇帝，为了显示自己的阔绰富有，他命令一位大臣去做一顶比黄金还贵重的帽子。这位大臣左思右想，就是想不通究竟世界上还有什么比黄金还贵重的。后来，实在没有办法，这位大臣就去问拿破仑三世的心腹，原来在拿破仑三世的眼中，铝比金子更值钱。

于是，这位大臣费了九牛二虎之力才为拿破仑三世制造了一顶铝王冠。拿破仑三世非常高兴，重赏了这位大臣。从此，每次接受百官朝拜的时候他都会得意地戴上这顶帽子。更有趣的是，拿破仑三世在举行盛大宴会时，规定只有王室的人才能使用铝制的餐具，其他人只能用金制的或银制的餐具。

你也许觉得这十分可笑，但当时，铝真的比黄金还贵。由于生产技术不过关，为了制取铝这种金属，必须用钠做还原剂，制造铝的成本比黄金还要高出好几倍呢。

知识链接

铝粉具有银白色光泽，常用来做涂料，俗称银粉、银漆，以保护铁制品不被腐蚀。铝的延展性较好，可制成铝箔，还可制成各种铝合金，广泛应用于飞机、汽车、火车、船舶等制造工业。

铝是热的良导体，工业上可用铝制造各种热交换器、散热材料和炊具等。它的导电性能仅次于银、铜，在电器制造工业、电线电缆工业和无线电工业中有广泛的用途。

拓展眼界

传说在古罗马，有一个发明家去拜见罗马皇帝泰比里厄斯，并献上一只金属杯子，杯子像银子一样闪闪发光，但是分量很轻。它是这个人从黏土中提炼出的新金属。但罗马皇帝表面上表示感谢，心里却害怕这种光彩夺目的新金属会使他的金银财宝贬值，就下令把这位发明家斩首。

从此，再也没有人动过提炼这种“危险金属”的念头，这种金属就是铝。

11.炼丹的意外收获

西汉武帝刘彻，晚年看到人死去时，觉得自己迟早也会有这么一天，心里非常惆怅，于是暗想如果有长生不老之药就好了，想法一出，汉武帝就经常招来自己的得力大臣，为他出谋划策。

一天，有个大臣建议说：“陛下，我听说有一种仙丹，吃了它，就能长命百岁。”

汉武帝一听，高兴极了，连忙下令全国的术士为他炼丹。

可是，炼丹过程中常常容易出差错，引起一次又一次的爆炸事故，有的术士甚至把自己炸伤了。

但是，炼丹的术士们为了博得皇帝的欢心，整天守在炼丹炉旁，一心想炼出仙丹。

一天傍晚，有个炼丹术士因疲劳过度，就靠在炼丹炉旁睡着了。突然一声巨响把他惊醒，他发现火光冲天，禁不住大叫一声：“不好了，发生了火药事故！”于是，“火药”一词便传开了。

原来，炼丹主要是用硫黄、硝石、朱砂混合，再加上蜂蜜来燃烧炼制的，其中含有毒性很大的水银。因此，在炼丹过程中，如果稍不注意，就会引起爆炸。

后来，火药引起了军事家浓厚的兴趣，他们进行了深入的研究，将硝石、硫黄和木炭按一定比例混合，制成了世界上最早的火药。

知识链接

火药有黑火药、红火药之分，先有黑火药，后有红火药。黑火药是我国古代四大发明之一。将硝石、硫黄和木炭控制在75%、10%、15%的比例进行炼制时，便能够制造出来。因此它是一种黑色的粉末，爆炸力很强，所以又叫黑火药。由于火药在爆炸时能产生高温、高压，可以将铜、钢、铝合金和钛等金属熔烧在一起，而且结合得“天衣无缝”，所以称它是“焊接的能手”。

玩一玩

取两匙清水、一匙松节油和一匙洗涤剂，把它们混合在一起，制成混合液。把报纸平铺在桌上，用海绵蘸着调制好的混合液轻轻按涂在报纸有图画的地方。把白纸覆盖在报纸图画上，用尺子用力碾压白纸。

观察结果

报纸上的图画被清晰地复印在白纸上。

松节油和洗涤剂混合，产生了一种感光乳胶，会浸入到干燥的油墨染料和油脂之中，使其重新液化，但它只能化解报纸的油墨。杂志上的彩色图片，因含有过多油彩，很难化解。

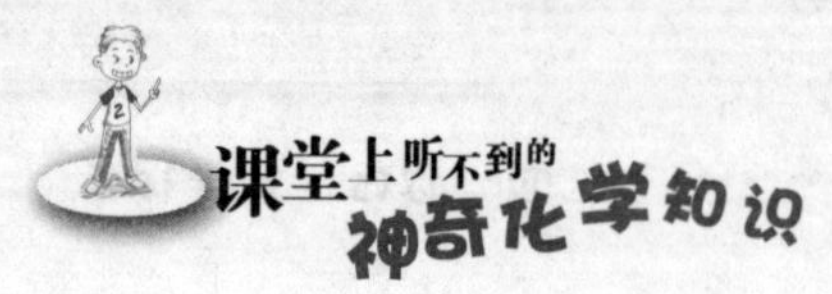

12.灰烬里的珠子

一支腓尼基人的商船载着大量的黄金航行时，突遇暴风雨，无法继续航行，就驶进一个港湾避风。

傍晚时分，暴风还没有停，于是船上的人准备上岸过夜，他们想在海滩上举行野餐。可是，四周连一块架钢锅的石头都没有，他们感到很沮丧，正不知如何是好时，突然有个年轻船员出了个主意。大家都觉得这个主意不错。于是，大家七手八脚地从船上搬来了几块大的苏打块，将锅架好后，便找来一些柴火烧起来。

当收拾好餐具准备上船时，出主意的那个年轻船员突然大叫起来："快来看看，这是什么东西呀？"

船员们赶紧围上来，只见锅下炉灰中，有一种闪闪发光的东西，晶莹剔透，像明珠一样，"这有什么好奇怪的，带亮光的石头而已。"大家都讥笑他。但其中一位商人觉得这肯定不一般，于是悄悄地拿了几块带了回去。

经过研究摸索，商人制成了各种各样的珠子，出乎意料的是，这很受人们的喜爱。

后来，人们知道了其中的奥秘，就研制成了玻璃。

知识链接

玻璃最初由火山喷出的酸性岩凝固而得，主要成分是二氧化硅。约公元前3700年前，古埃及人已制出玻璃装饰品和简单玻璃器皿，当时只有有色玻璃。约公元前1000年前，中国制造出无色玻璃。12世纪，出现了商品玻璃，并开始成为工业材料。18世纪，为适应研制望远镜的需要，制出光学玻璃；1873年，比利时首先研制出平板玻璃。

玩一玩

在玻璃杯中加入约一厘米深的水，再加入三餐匙醋。剪一条宽度适宜的纸巾，在纸巾条的一端用几种不同颜色的水彩笔画一些大圆点。把纸巾的另一端用铅笔卷起来，再用胶条固定住。把铅笔横架在玻璃杯口上，把纸巾条（画大圆点的一端）垂放到醋液中。

观察结果

随着醋液“爬”上纸巾，向上渗透的同时，水彩笔留在纸巾下端的颜料也渐渐往上“爬行”，并且分解成了其他的颜色。

醋液进入纸巾，将水彩笔留在纸巾上的颜料分解成了许多不同的成分；那些成分又根据不同的色彩组成情况以不同的速度继续向纸巾上端“爬行”。

13.“豆浆”变清了

法国有一位不太出名的化学研究者，想利用铝来炼制一种新物质。

他一有空儿，就在简陋的实验室里做试验，他利用铝的各种盐与其他物质混合，希望能有所收获。

有一次，他又在做试验，他先在一支试管里放入少量的明矾并加入水，晃了晃，嗯，还很清亮，接着他又加入一点烧碱片，试管里顿时变得浑浊起来，“咦，怎么成‘豆浆’了？”正当他再准备加入别的物质时，发现这“豆浆”居然变清了。

这下，他像发现了新大陆似的，又重复地做了一遍，结果还和刚才一样。

这是怎么回事呢？

后来经过研究，他才明白，明矾的水溶液与烧碱发生反应，生成乳白色的氢氧化铝，然后氢氧化铝与烧碱继续发生反应生成无色的偏铝酸钠，所以“豆浆”又变清了。

知识链接 明矾的化学名称叫硫酸铝钾，烧碱的化学名称叫氢氧化钠，二者反应会生成乳白色的氢氧化铝。

拓展眼界 豆浆素有“经济牛奶”之称，营养价值高，但饮用未煮沸的豆浆，会引起全身中毒。

因为豆浆中含有一些有害成分如抗胰蛋白酶、酚类化合物和“皂素”等。抗胰蛋白酶影响蛋白质的消化和吸收；酚类化合物可使豆浆产生苦味和腥味；“皂素”刺激消化道，引起恶心、呕吐、腹泻，破坏红细胞、产生毒素，引起全身中毒，因此，未煮沸的豆浆不宜饮用。豆浆经煮沸后，有害成分即被破坏，再饮用就不会中毒了。

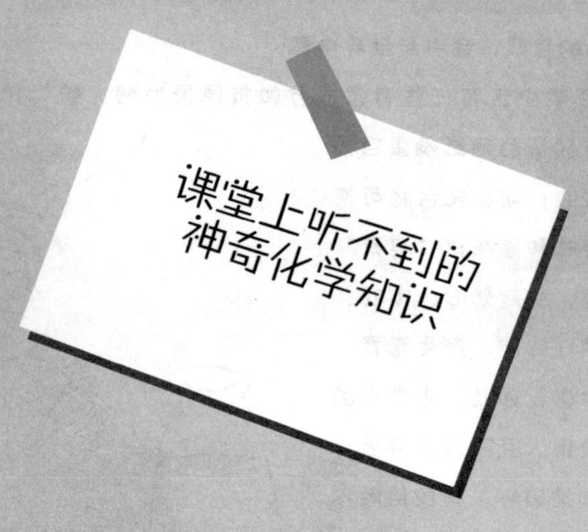
课堂上听不到的
神奇化学知识

五

那些关于化学的奇闻趣事

1.不可思议的“魔火”

公元673年，希腊与阿拉伯展开了一场生死之战。阿拉伯舰队气势汹汹地开往拜占庭的首都君士坦丁堡，扬言要一举征服希腊人。

阿拉伯舰队强悍善战，威镇海疆，一向都是旗开得胜，所向披靡。然而，这次却被希腊人的几只小木船杀得一败涂地，整支舰队在达达尼尔海峡覆灭了。

几个幸运地抓了块木板游回去的阿拉伯水手，惊魂未定地向人们讲述说：“不得了，希腊人太厉害啦！希腊人‘驯服了闪电’，叫闪电来烧舰队。那‘魔火’不光会把船舰烧着，甚至连水也烧起来了。”

水手的话让人很疑惑，这“魔火”究竟是怎么回事呢？这一直是个“军事秘密”。

过了很久，人们才弄明白这“魔火”只不过是一种生石灰与石油的混合物罢了。那么，生石灰和石油的混合物真的就能变成“魔火”吗？

科学揭秘

生石灰的化学成分是氧化钙，它能剧烈地与水化合成熟石灰——氢氧化钙，同时放出大量的热，泥水匠管这种反应叫做“熟化”。当生石灰与石油的混合物被撒到海面上时：第一，生石灰与水化合，大量放热，温度猛升；第二，石油易燃，而且比水轻，浮在水面。这样，一烧起来火势熊熊，乍看上去，真的像水也着了火似的。

知识链接

石油主要含C、H两种元素，燃烧时生成CO_2、H_2O。石油的密度为0.8～1.0g/cm^3，比水小，所以会浮在水面上。

生石灰和水发生化学反应，并释放出大量的热。

考考你　在甲、乙两杯中各滴一滴墨水，你能根据杯中的变化，指出哪一杯是清水，哪一杯是饱和食盐水吗？

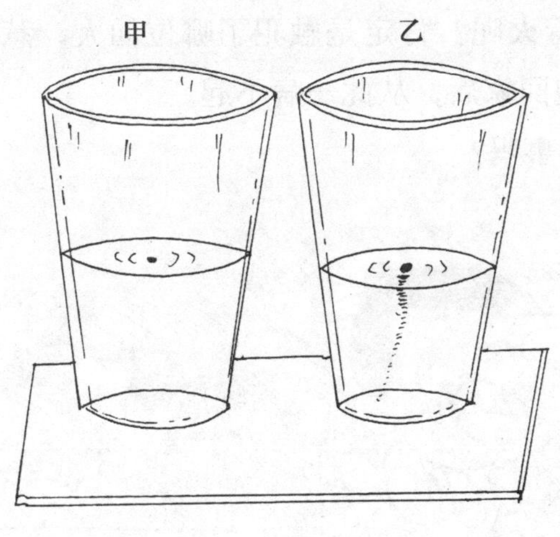

答案

甲是饱和食盐水。因为墨水比饱和盐水比重轻，则浮在液面不下沉。蓝墨水比清水比重要重，则会下沉。

2.仙人降天火

古时候，有一个人叫张生，有一次去二十里外的李家镇赶集。由于古代交通工具不发达，有钱人就骑驴或骑马，而没钱的则步行。

张生一家七口，挤在一个破屋子里，穷得叮当响，所以就步行去集市，准备把自家老母鸡下的蛋换成粮食，来维持生计。

张生到集市后用鸡蛋换了些粮食就急忙往家赶，否则天黑就到不了家。

下半晌，太阳火辣辣的，加上口干舌燥，实在走不动了，张生就在一个烂草垛下坐着休息。还不到一刻钟，张生突然觉得灼热难当，转身一看草垛着火了。这可把张生吓了个半死，草垛在荒郊野外，四周杳无人烟，怎么会着火呢？肯定是触犯了哪位仙人，惹得仙人降天火了。张生一溜烟儿跑回家后，从此一病不起。

你知道这是怎么回事吗？

科学揭秘

其实，这不是什么仙人降的大火，而是草垛长期不动，又加上高温，所以自燃了。

知识链接

可燃物质在没有明火作用的情况下发生燃烧的现象叫作自燃。发生自燃的最低温度叫自燃点。当可燃物和与之混合的助燃性气体配比改变时，可燃物自燃点也随之改变，混合气体比接近理论计算值时，自燃点最低；混合气中氧气浓度增加时，自燃点降低；压力越大，自燃点越低。

考考你

这是一杯肥皂水，小明突发奇想，想重新看见水中的肥皂，那么，你看应加入糖还是盐呢？

答案

加入食盐。因为盐能使肥皂重新出现在液面上，这叫作“盐析”。

3.玻尔的奖章

第二次世界大战中，德国法西斯占领了丹麦，下达了逮捕著名科学家、诺贝尔奖获得者玻尔的命令。

玻尔为了躲避德国法西斯的逮捕，被迫离开自己的祖国。为了表示他一定会返回祖国的决心和防止诺贝尔金质奖章落入法西斯手中，他机智地将金质奖章溶解在一种特殊的液体中，在纳粹分子的眼皮底下巧妙地珍藏了好几年，直至战争结束，玻尔重返家园，从溶液中还原提取出金，并重新铸成奖章。

那么，你知道玻尔用的是什么溶液吗？

科学揭秘

玻尔用的溶液叫“王水”。金的化学性质不活泼，它不受空气和水的作用，也不溶于一般的化学溶剂中，但能溶解于“王水”中。

知识链接

“王水”是浓盐酸和浓硝酸的混合物。实验室用HNO_3与浓盐酸体积比为3：1配制王水。“王水”的氧化能力极强，被称为“酸中之王”。一些不溶于硝酸的金属都可以被“王水”溶解。尽管在配制“王水”时取用了两种浓酸，然而在其混合酸中，硝酸的浓度显然仅为原浓度的1/4（即已成为稀硝酸）。但为什么“王水”的氧化能力却比浓硝酸要强得多呢？这是因为在“王水”中含有硝酸、氯分子和氯化亚硝酰等一系列强氧化剂，同时还有高浓度的氯离子。

所以，“王水”的氧化能力比硝酸强，金和铂等惰性金属不溶于单独的浓硝酸，而能溶解于“王水”，其原因主要是“王水”中的氯化亚硝酰等具有比较强的氧化能力，可使金和铂等惰性金属失去电子而被氧化。

4.少了重量的矿石

瑞典科学家阿弗事聪有一段时间感到特别迷茫，不知道自己该做些什么。有一天他将自己的状况告诉了教授，教授想了想对他说："实验室里有一种从攸桃岛采集来的矿石，到目前为止，还没有人专门研究过这种矿石的组成成分，你就来研究它吧！"于是，阿弗事聪便对这种矿石的化学构成进行分析。

阿弗事聪在分析矿石时发现，这块矿石是由氧化硅和氧化铝组成的，但同时他发现："这几种元素的总含量为97%，和整块矿石的重量相差3%。也就是说，矿石的组成成分总量为97%，缺少3%。

这是怎么回事呢？阿弗事聪觉得很奇怪。

他又进行了几次分析，结果一再表明氧化硅、氧化铝的含量确实与矿石的总重量不相符合，误差仍为3%。

"这究竟是为什么呢？"阿弗事聪又进行了深入的研究。后来他发现，剩下3%的成分，其特性与钾、钠、镁非常相似。于是，他继续研究，但仍没有什么进展。

阿弗事聪感到非常困惑。经过一番细致的思考之后，他忽然想到："难道这种矿石中含有某种未知的新元素没有被分析出来？"

于是，他立即把实验分析的情况向教授做了报告，教授赞同他的想法，要他再接再厉，并给予他帮助。经过一段时间的实验探讨后，师生俩高兴地大喊"这是新元素！"

他们把这种新元素叫做“锂”，希腊文是“岩石”的意思，因为锂是从矿石里发现的。

知识链接

锂是一种白色金属，在金属中密度是最小的。金属锂很软，用普通的小刀能轻易地把它切成小块，锂的化学性质非常活泼，能同空气中的氮和氧发生强烈的化学反应，因此锂一般被密封在凡士林或石蜡油中。锂和水作用时会放出大量的热量，使反应生成的氢气燃烧，发生爆炸。

拓展眼界

锂和它的某些化合物是优质高能燃料，这些燃料的单位质量小，燃烧温度高，火焰宽，排出气体速度快，是十分有用的燃料。它已经被用于火箭、人造卫星和超音速飞机等领域，例如火箭燃料等。

5.小猫为何要自杀

20世纪50年代，在日本水俣地区出现了一种奇怪的现象，许多小猫嗷嗷乱叫，纷纷跳到海里自杀了。许多人都不明白这是怎么回事。

没过多久，当地的许多小孩出现手臂和腿部瘫痪，一些大人精神失常，坐立不安，原来他们生病了。日本人称这类病症为“水俣病”。

那么，这“水俣病”是由什么东西引起的呢？

后来，经过科学家们研究发现，“水俣病”是由于一家工厂排放的污水中含有有机汞，使得鱼、虾体内积聚了高浓度的汞。人和猫吃了这些鱼虾后，因汞中毒而患上了“水俣病”。

在人类历史上就曾发生过多起类似汞中毒事件：据说俄国沙皇格罗兹内曾因关节痛，长期使用汞软膏而变得脾气暴躁，反复无常，最后众叛亲离，被儿子杀死；19世纪，在使用金汞齐给圣彼得堡大教堂镀金时，有60多名工人因汞中毒而惨死。

知识链接

汞的蒸气压较高，所以汞及其化合物应用广泛。比如，用作利尿剂的“汞撒利”中含有汞；用作杀菌剂的红药水是汞和溴的有机化合物；日光灯、温度计、气压表等都要用到汞，因此我们必须重视汞的使用。在存放汞时，应在它表面加上水封，以防汞蒸气的挥发。一旦发生汞流失或泄漏，应立即撒些硫黄粉，利用汞和硫能生成稳定的硫化汞来将其制服。对付汞蒸气则可用碘，使之与汞反应成碘化汞，从而消除汞害。

考考你

以下有两只玻璃杯子，你知道哪只杯子里装的是水，哪只杯子里装的是水银吗？

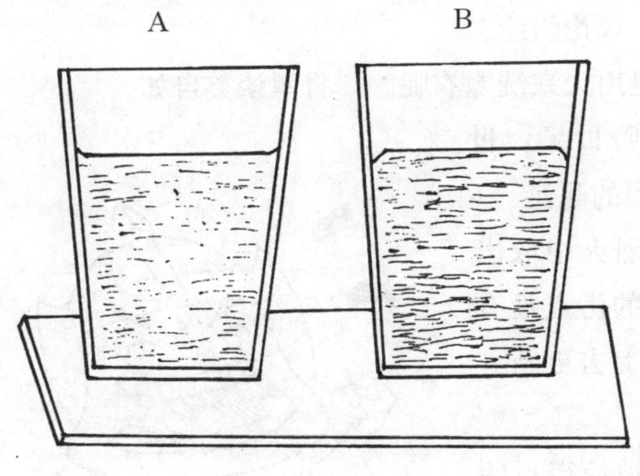

答案

A杯里是水，B杯里是水银。因为水和水银的表面张力不同，水银的表面张力强，杯中的液面向上凸起。

6.烧不坏的衣服

相传2世纪时，后汉桓帝的大将军梁翼超得到了一件烧不坏的“魔衣”。

有一次，他大宴宾客。宴会上，为了炫耀他的衣服，他命令侍女端来一盆烈火熊熊的木炭，随手把“魔衣”扔到了火里。

“将军，你……你怎么这样？这不是太可惜了吗？”

“将军，你这是开玩笑，还是玩魔术？”

宾客们大为惊讶，议论纷纷。

“没什么，我这是用火来洗魔衣呢。”将军谈笑自如。

赴宴的人更加目瞪口呆：世界上哪有用火来洗衣服的呢？

一会儿，侍女从烈火中取出魔衣来，不但衣服上的污点没有了，而且“魔衣”看上去更新、更干净!

参加酒宴的人都被惊得目瞪口呆，有的说是宝贝，有的说是不祥之物，有的却不以为然。

烧不坏的真正原因是什么呢？你知道吗？

科学揭秘

其实，这件衣服烧不坏的原因是它的材料与普通衣服不同，它是用石棉做的。

知识链接

石棉是一种被广泛应用于建材防火板的硅酸盐类矿物纤维，也是唯一的天然矿物纤维。它的组成成分都是耐高温的，所以该材料也是耐高温的。它具有良好的抗拉强度和良好的隔热性能与防腐蚀性能，不易燃烧，故被广泛应用。它能耐3000℃高温。

拓展眼界

石棉的种类有很多，以温石棉含量最为丰富，用途最广。石棉本身并无毒害，它的最大危害来自于它的纤维。这是一种非常细小、肉眼几乎看不见的纤维，当这些细小的纤维被吸入人体后，就会附着并沉积在肺部，造成肺部疾病，如石棉肺、胸膜和腹膜的皮间瘤。这些肺部疾病往往有很长的潜伏期（肺癌一般15～20年、皮间瘤20～40年），严重时引发肺癌，石棉已被国际癌症研究中心确认为致癌物质。

7.“柠檬人”的故事

1535年，法国著名探险家卡尔德航行到加拿大时，尽管海员们每天都吃鸡、鸭、鱼、肉和各种食品，但是110人的远征队伍中，竟有100人得了坏血病，情况非常严重。就在这生死关头，卡尔德听从了当地印度安人的建议，给患者喝松树叶煮的水，结果这些濒临绝望的人全部获救，恢复了健康。

1734年，在英国一艘开往格陵兰的海船上，有个船员被坏血病折磨得要死，船员们只好把他送到一个海岛。这个船员又饥又渴，就以地上长着的绿色植物来充饥。奇怪的是，过了几天，他的病竟完全好了。

苏格兰医生林德知道这些奇迹后，就在船上做起了试验：他把患有不同程度坏血病的海员分成六组，采用不同的食物、药品或理疗的方式进行医治，发现食用橘子和柠檬的病人疗效最好。经过反复研究，林德医生在1754年发表了论文，肯定柠檬对于治疗坏血病的积极作用。英国船长库克看到这篇论文后，立刻采用了林德的研究成果，每次出航，总是带一些柠檬供船员食用，果然有效。

1772年，库克的船横渡太平洋，历时三年，由于他每天给船员定量服用柠檬汁，结果180名船员竟没有一个得坏血病的。

从此，英国规定：凡出海的水兵和海员，每天都得服用定量的柠檬汁。“柠檬人”一词，也就成了英国水手的俚语。

请你想一想，喝柠檬汁的人为什么不得坏血病?

科学揭秘

海员和水兵之所以得坏血病，主要原因是身体缺少一种微量养分——维生素C。而维生素C大量存在于新鲜的水果和蔬菜之中，柠檬中的含量尤为丰富，船员们常饮用柠檬汁，坏血病自然猖獗不起来。

知识链接

缺乏维生素C可以引起坏血病，牙龈出血，牙齿松动，关节肿大，全身皮肤、黏膜易出血，骨骼畸形、关节增大，心肌衰退，伤口不易愈合，对葡萄糖的忍耐性下降，会出现腿脚不灵、性格沉闷、抑郁或歇斯底里等症状。长期过量服用维生素C可诱发肾结石、生殖衰竭，依赖维生素C综合征。

8.催人泪下的烟幕弹

你听说过烟幕弹吗？或许你在电影中也见过烟幕弹。那家伙可利害了，爆炸后会在空气中制造大范围的烟雾，让对手无法看清周围的情况。其实，这种烟幕弹在战场上经常使用。

第二次世界大战中，纳粹法西斯分子丧心病狂，经常使用化学武器，比如细菌、毒气、烟幕弹，等等，这些化学武器都有毒。

日寇侵略我国时，有一次为了进攻一个小村庄，派了很多兵力，但却被英勇顽强的村民们挡了回去。丧尽天良的日军指挥官岂肯就此罢休，下令投放大量的烟幕弹，顷刻工夫，整个村庄笼罩在一片烟雾之中，作战的村民都壮烈牺牲，而躲在地洞里的老人、儿童也没有逃过此劫。

那么，为什么烟幕弹会产生这么多有毒的烟呢？

科学揭秘

原来，烟幕弹里装有黄磷，引爆后，磷迅速燃烧而产生的五氧化二磷与水蒸气生成偏磷（有毒）和磷酸的液滴，这些液滴又会与五氧化二磷颗粒悬浮于空中，形成“云海”。

知识链接

有些物质燃烧需要氧的参与，比如磷。但有些物质没有氧的参与，仍可以继续燃烧，如燃烧的铁粉可以在氯气中继续燃烧。燃烧反应是强烈的氧化还原反应，因此，除氧之外，具有迅速氧化的强氧化作用剂均会引起燃烧反应，如卤素中的氟、氯等。

考考你

蜡烛是靠蜡燃烧的，如果往这支燃烧着的烛芯上涂上蜡，你认为烛火会变大，还是会熄灭呢？

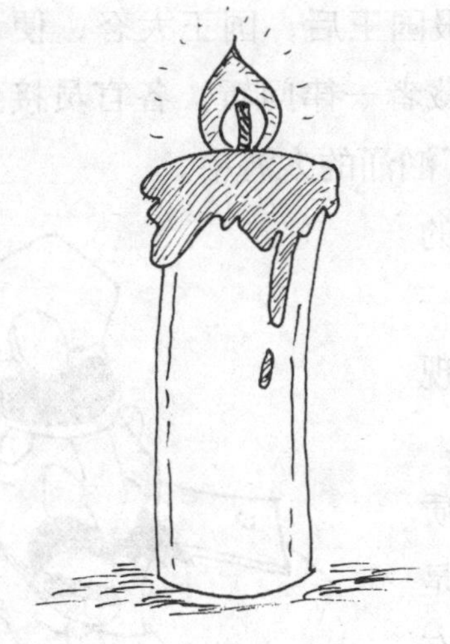

答案

会熄灭。因为涂上蜡的烛芯会得不到氧气，因而无法燃烧。

9.劣质银的故事

古时候，在加勒比海上经常有船只载着金银珠宝来来往往。

有一天，一支远洋的船队发现了“劣质银”——一种银白色的银子。奸商们为了获取更多的利益，悄悄地把这些“劣质银”带回了本土，廉价出售给珠宝商。

一些珠宝商为了赚取更多的钱，便让工匠们把“劣质银”掺进了黄金中，有的干脆仿造成金币在市场上流通起来，严重地影响到了当地的经济秩序。

当地的官员将此情况禀报国王后，国王大怒，便下令把全国所有的“劣质银”倒进大海，私藏者一律问斩。各官员接到指令后，便把收缴的大量“劣质银”倒进了汹涌的大海中。

其实，官员们倒进大海的“劣质银”并非是银，而是一种金属铂，俗称“白金”。现在它比金子还贵，可古时候，那些官员却把它们称为“劣质银”，并倒进大海。那么，是这些官员为人清廉，还是别有用心呢?

科学揭秘

原来，那个时候的人们还不知道这些“劣质银”到底是一种什么物质。直到后来，英国的勃朗吕克博士费了好多精力对“劣质银”进行研究探索，才发现它并不是什么劣质银，而是一种新物质——铂。

知识链接

铂的化学性质不活泼，在空气和潮湿环境中稳定，常温下不受普通的酸、碱、盐和有机物的侵蚀；铂溶于热的王水和熔融件；高温下能与硫、磷、卤素发生作用；铂有形成配位化合物的强烈倾向，还有良好的催化性能。

拓展眼界

铂族金属和合金有很多重要的工业用途。铂铑合金对熔融的玻璃具有特别的抗蚀性，可用于制造生产玻璃纤维的坩埚。铂和铂合金广泛用于制造各种首饰，特别是镶钻石的戒指、表壳和饰针。铂或钯的合金也可以做牙科材料。

10.谁灭绝了恐龙

生物课上，老师给同学们讲着恐龙的故事：

恐龙，最早出现于三叠纪时期，在侏罗纪和白垩纪得以迅速发展，最终成为中生代的统治者，在地球上称霸31.6亿年，但后来却灭绝了。

恐龙灭绝后的时代被称为第三纪，哺乳动物在这个时代统治着地球。科学家又将第三纪分为五个更小的单位，它们被称为“世”。它们是古新世、始新世、渐新世、中新世和上新世。接下来是第四纪，它又被分为更新世和全新世，而我们就生活在全新世。

人类只是地球漫长历史中一朵小小的浪花。猿在3000万年前出现，有些猿一步步进化成人类，其余猿的形态则几乎保持着史前时代的形态。

关于恐龙的灭绝，科学界的观点不一，有人认为是小行星撞击地球的结果，有人则认为是恐龙性功能衰退导致的灭亡，还有人认为是海底火山爆发导致。

最近有科学家认为，恐龙的灭绝和臭氧层空洞有关。那么，你知道这是怎么回事吗？

科学揭秘

在白垩纪时期曾有一次大规模的海底火山爆发。这次爆发曾使大气中出现超大面积的臭氧层空洞。这样，太阳中的紫外线就可以肆无忌惮地穿过大气层射到地球上。恐龙霸主们被强烈的紫外线照射后，渐渐发生病变，最后灭绝。

知识链接

臭氧是大气中含量非常少的一种气体，臭氧层分布在距离地球表面25～30千米的大气层中。臭氧是氧化的同素异形体，由三个氧原子组成，有一定的臭味，因此被称为臭氧。

人类使用氟利昂充当冰箱和空调的制冷剂，它挥发到大气中会破坏臭氧层。当臭氧层变薄或出现空洞时，过多的紫外线会危害人的身体健康，引起眼睛和皮肤等的病变。

拓展眼界

臭氧也可用来治病。医生用含有臭氧的雾状生理溶液来冲洗病人的伤口，水流就像手术刀一样，能将伤口中的脓血、坏死组织及细菌分解清除，使伤患早日康复。

11.涌向美洲的殖民者

16世纪，美洲大陆刚刚被发现，大批的欧洲殖民者涌向美洲，人人都想到那儿大发横财。

然而，这些人一到那儿，就得了一种可怕的病，而且还相互传染着，幸运的虚弱而归，倒霉的就葬身在美洲大陆。但令人不可思议的是，那儿的印第安人却安然无恙。

这是为什么呢？后来人们才知道那就是疟疾。

1638年，西班牙驻秘鲁总督钦洪的妻子得了可怕的疟疾。可当时并没有治疗疟疾的特效药，就在她生命危险的时刻，一位秘鲁的印第安人医生，把她从死亡线上救了下来。这位医生用了一种欧洲人所不知道的、奇妙的树皮，治好了总督夫人的病。

那么，你知道这种树皮是什么吗？为什么能治疗疾病呢？

科学揭秘

这位医生用的是一种叫金鸡纳树的树皮给总督夫人治好病的。这种奇妙的树皮在美洲到处都有，印第安人长期以来就是用它来医治疟疾的。

知识链接

金鸡纳树中含有金鸡纳碱，又称奎宁。其分子中含有喹啉环。它是针状结晶，熔点177℃，微溶于水，易溶于乙醇、乙醚等有机溶剂。喹啉是最早使用的一种抗疟疾药物。

考考你　玻璃杯中盛有一块冰，如果往这个杯子里加一些食盐，那么你认为杯中的温度是上升还是下降？

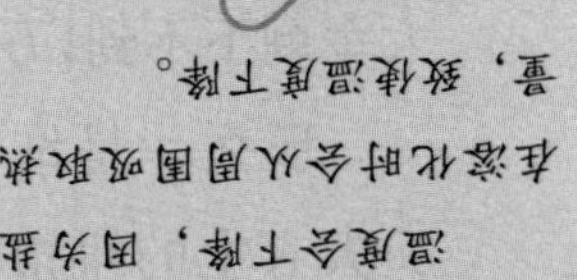

答案

温度会下降，因为盐在溶化时会从周围吸取热量，致使温度下降。

12.谁偷走了纽扣

1812年5月9日，在欧洲大陆上取得了一系列辉煌胜利的拿破仑离开巴黎，率领浩浩荡荡的60万大军远征俄罗斯。

法军凭借先进的战法，猛烈的炮火长驱直入，在短短的几个月内直攻莫斯科城。然而，当法国人入城之后，市中心燃起了熊熊大火，莫斯科城的3/4被烧毁，6000多幢房屋化为灰烬。俄国沙皇亚历山大采取了坚壁清野的措施，使远离本土的法军陷入粮荒之中。

几周之后，寒冷的空气给拿破仑大军带来了致命的诅咒。更奇怪的是，一夜之间，拿破仑大军士兵衣服上的纽扣竟然不见了，由于衣服上没有了纽扣，数十万拿破仑大军在寒风暴雪中敞胸露怀，许多人被活活冻死，这大大影响了法军的战斗力。

在饥寒交迫下，1812年冬天，拿破仑大军被迫从莫斯科撤退，沿途近60万士兵被活活冻死，到12月初，60万拿破仑大军剩下不到1万人。

那么，是谁偷走了法军士兵大衣上的纽扣呢？

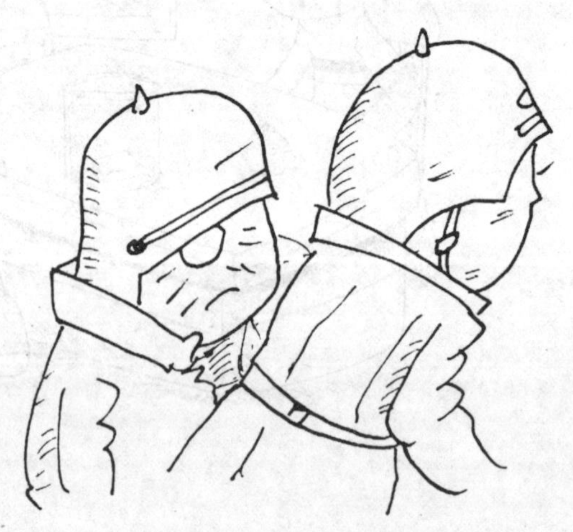

科学揭秘

原来，拿破仑征俄大军的制服上，采用的都是锡制纽扣，而在寒冷的气候中，锡制纽扣会变成粉末。

知识链接

锡是一种坚硬的金属，有3种同素异体，即白锡、脆锡和灰锡。通常锡是一种银白色金属，在13.2℃以上，就会变得更坚硬和稳定，然而白锡在气温降到13.2℃以下时，变成另一种结晶形态的灰锡。

拓展眼界

1912年，英国探险家斯科特率领的一支探险队带了大量给养（包括液体燃料）去南极探险，谁知一去就杳无音信。后来发现他们都被冻死在南极。原来，斯科特一行在返回的路上发现，他们的第一个储藏库里的煤油已经不翼而飞。没有煤油就无法取暖，也无法热东西吃。好不容易克服困难，又找到了另一个储藏库，可那儿的煤油桶同样是空空的。煤油都是由于铁桶漏了而流失掉的。后来科学家们经过反复研究终于发现了其中的奥妙，原来盛煤油的铁桶是用锡焊的，当锡变成粉末时，煤油就顺着缝隙流出来了。

13.一封绝密信

有一部描写抗日战争时期的影片，里面有一个地下党传递消息的情节。

为了获取敌军情报，抗日人士潜入敌军内部，通过各种渠道打探敌军情况，并把得来的消息通过接线人传递出去。

当时，由于情况复杂，所以这些消息必须严格保密，除了最终负责人知道外，中间绝不能让第三人知道，这就给情报的传递带来了困难。这时××得知接线人叛变的消息，心急如焚，手头有重大的消息，如何传出去？最后，他决定写一些无关紧要的书集并夹着一张白纸，继续通过接线人传出去。接线人以为××不知道自己叛变的消息，在检查了××的书信后，为了不引起上级的怀疑，就像以前一样把消息传到了负责人手里。

负责人看了××的书信后，觉得不对劲：以前都是传递重要情报，这次怎么尽是一些闲谈？难道重要情报在这张白纸上？负责人仔细看了看，看不到任何字，又拿到煤油灯下瞧瞧，还是没有。突然，负责人手一抖，白纸差点被烧着。负责人眼前一亮，原来，经灯一烤，出现了一些模糊的字迹，再接着烤，字迹变得越来越清晰。

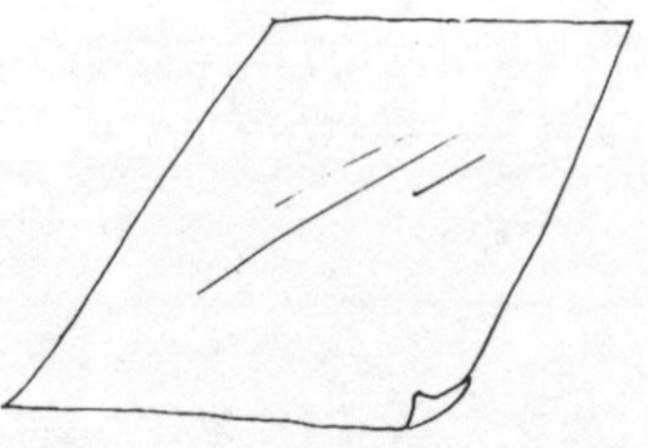

你知道这是怎么回事吗？

科学揭秘

原来，这张白纸并非无字，而是白字，是用醋写的。

用醋在白纸上写字，晾干后不会留下任何痕迹。醋的主要成分是醋酸，属于有机物，有机物的汁液干了之后会变得透明，用微火加热，透明的汁液又会变成棕色。

柠檬或番茄汁也可以作为隐写墨水，因为它们同样富含碳元素，很容易被焦化。

用醋写的字可以在火上烤一烤，字迹便会出现；蘸了淀粉溶液写字，那么碘酒就是解密药水；如果用酚酞溶液写字，那么解密时，氢氧化钠溶液就能派上用场。

知识链接

醋酸无色，有强烈刺激性气味，在常温下是固体，易溶于水和酒精，凝固点16.6℃。醋酸是十分重要的基本有机原料，用于生产醋酸纤维、喷漆溶剂、香料、染料、医药等。

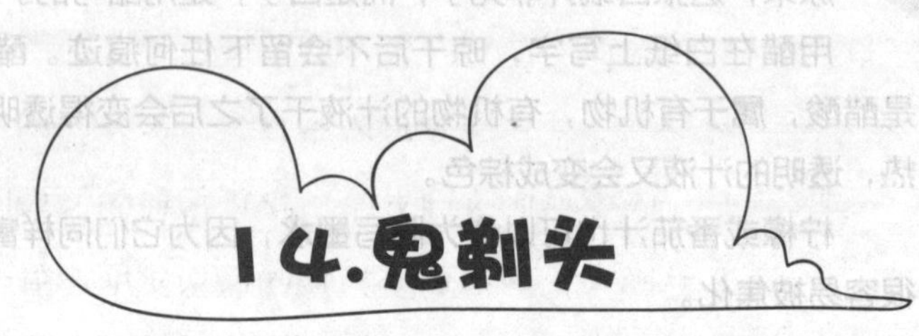

14.鬼剃头

《西游记》里，有个荒唐的国王做了个荒唐的梦，于是开始屠杀和尚，这正巧被孙悟空师徒遇到，孙悟空为了惩罚国王，半夜化作飞蛾，将国王及其爱妃、皇子、大臣的头发都剃光了。一夜之间没了头发，这是孙悟空搞的鬼。但是有一个村子里的村民也被“剃头”了，这又是谁搞的鬼呢?

在我国南方一个叫回龙村的山寨中曾发生过这样一件怪事：全寨老少村民的头发相继脱落，原因不明。有人便认为这是由于寨子里的人触犯了阴间，毁坏了寨子里的风水，于是山寨头人带领寨子里的人开始杀猪宰羊，供奉起阎王，让阎王开恩，不计前嫌，并称这种现象为“鬼剃头”。

“鬼剃头”弄得村里寨外人心惶惶，害怕在半夜里睡着被鬼剃了头。

后来，随着科学的发展，终于揭穿了“鬼剃头”的真相。

你知道这是怎么回事吗?

科学揭秘

原来，“鬼剃头”是铊搞的鬼。

金属铊是一种比铅略轻的金属，在自然界中没有独立的矿藏，制取铊的主要原料是煅烧某些金属硫化物矿石后产生的灰。如果人体摄入过量的铊，就会妨碍毛囊角质蛋白的形成而引起毛发脱落，严重时甚至会昏迷。

知识链接

铊为银白色金属，室温下易氧化，易溶于水、硝酸和硫酸。其水溶液无色、无味，能与有机物结合生成有机铊化合物，也易与其他金属结合形成合金。常见铊化合物有醋酸铊、硫酸铊、溴化铊和碘化铊。

拓展眼界

1861年，英国化学家和物理学家克鲁克斯在分析一种从硫酸厂送来的残渣时，先将其中的硒化物分离掉，然后用光镜检视残渣中的光谱，发现在光谱中的亮黄谱线，有两条是从来没有见过的，带有新绿色彩。他断定这种残渣中必定含有一种新元素，并把它命名为“铊”。

15.守财奴被骗了

北宋年间，山东有个张员外，家中有许多银子，但他却吝啬至极，有人送他一绰号“守财奴”。

一日，张员外府上来了个道士，自称曾拜异人为师，学得“点银成金”之术，因张员外祖上积善有德，命中注定要发大财，故特来献宝。张员外大喜，便把道士迎进府内。

只见道士从袖中取出一块银子，将其投入一只焰火正炽的炭盆中。几个时辰过去后，道士扒开灰烬，从中拿出一块黄澄澄的金子。

张员外见了大喜，将家中的银子悉数交给那道士，请他把银子全部炼成金子。

第二天，张员外一早就去叩道士家的门，企图拿到更多的黄金。久叩门，屋里没有响动，推门一看，房里已空空无人，那道士早已将银子全卷走了。张员外一气之下因久病不起而身亡。

那么，那道士究竟玩的什么把戏，能在众目睽睽之下，把一块银子变成金子呢？

科学揭秘

原来那道士是利用汞玩的把戏。汞是常温下唯一呈液态的金属，也是金属的中文名称中唯一没有“金”字偏旁的。汞极易与金属结合成合金——汞齐（“齐”是古代对合金的称号），因此被誉为“金属的溶剂”。那位道士便是利用金溶解于汞中形成的金汞齐来冒充白银，汞在炭盆中受热蒸发后，留下来的便是黄澄澄的金子了。

知识链接

汞，俗称水银，它是一种密度很大、银白色的液态过渡金属。因此特性，水银被用于制作温度计。汞几乎很容易与所有的普通金属形成合金，包括金和银，但不包括铁。这些合金统称汞合金。

拓展眼界

古建筑上的鎏金玻璃瓦和古寺庙中的“金身”菩萨，就是利用金汞齐“镀”的。银、锡和水银组成的银锡汞齐能很快变硬，古代人常用它来补牙。钠、锌和水银生成的钠汞齐、锌汞齐是常用的还原剂。

16.天上的“怪鸟”

第一次世界大战期间，法国前线的一位战士在休战的空隙晒太阳，突然，他大声地惊呼起来：“快看，那是什么怪鸟？”

原来，像一条大肚子鱼一样的东西，正在高空中向法军阵地慢慢飘来。

“快隐蔽，那是飞艇，德国人的飞艇！”一位对武器很有研究的技师惊慌地喊叫着。

他的话音刚落，那飞艇就投下了一颗又一颗炸弹。法国军官见状立即下令炮兵向飞艇开炮。随着一阵猛烈的炮火，那飞艇像一只断了翅膀的飞鸟，“咚”的一声栽了下来。

“这飞艇是用什么材料制造的？这么厉害，我们要好好研究研究。”法国军官拉着技师走到了飞艇旁边。

技师便把飞艇的残骸收集起来送到军事研究部门进行专门研究。

那么，你知道德国人的飞艇是用什么材料制成的吗？

科学揭秘

后来，法国的专家终于弄明白，这飞艇竟然使用了德国科学家比卡尔·维尔姆刚刚发明的铝合金，所以飞艇才飞得那么高、飞得那么轻盈！

知识链接

铝是银白色的轻金属，较软。铝和铝的合金具有许多优良的物理性质，得到了非常广泛的应用。铝中加入一定量的铜、镁、锰等金属，强度可以大大提高，几乎相当于钢材，广泛用于飞机、汽车、火车、船舶、人造卫星、火箭的制造等。

拓展眼界

纯铝的导电性能很好，仅次于银、铜，在电力工业上它可以代替部分铜做导线和电缆。铝是热的良导体，在工业上可用铝制造各种热交换器、散热材料和民用炊具等。铝箔广泛地用于包装香烟、糖果等。

17.残忍的暴君

据说罗马皇帝涅龙是一个残忍的暴君，他有一种嗜好，就是透过一种绿宝石观看角斗士的拼死搏斗。

这天，涅龙又像平常一样，放出两个饿了三天的角斗士，让他们互相厮杀。涅龙又拿起他最喜欢的特大绿宝石，透过绿宝石观看血腥的搏斗。当看到有人倒地身亡时，他竟然拍手称好。

涅龙不但是位暴君，还是个昏君。有一次，罗马城起大火，涅龙却悠闲地透过他那独特的绿宝石，欣赏橙黄色的火苗吞噬人畜房屋的情景。

后来，许多科学家开始研究这种绿宝石，看它究竟有何神奇魔力。直到1789年，神奇的魔力没有发现，但法国化学家沃克兰发现了绿宝石中的一种新元素。

那么，你知道这种元素叫什么名字吗?

科学揭秘

这种元素叫铍。铍是一种密度很小的金属，但十分坚韧，其强度超过了结构钢。铍与铜和镍的合金在与石头或其他金属撞击时，不会迸出火花。人们利用这种铍合金与众不同的性质，制成了专门用于矿井、炸药工厂、石油基地等易爆区使用的锤子、凿子、刀铲等工具，为减少爆炸事故和火灾做出了贡献。

知识链接

铍有“原子能工业之宝”的美称。用金属铍的粉末与镭盐的混合物制成的中心源，每分钟能产生几十万个中子。用这些中子做炮弹去轰击原子核，可使原子核分裂，从而释放出巨大的能量——原子能，同时产生新的中子。

拓展眼界

铍也有缺点，铍和铍的许多化合物都有毒。如果食物中铍盐的含量过高，就会在人体内形成磷酸铍，从而导致骨骼松软，使人患上所谓的铍软骨病。另外，铍的许多化合物还会引起皮肤发炎、肺水肿，甚至窒息。

18.古罗马帝国衰亡之谜

古罗马帝国曾称霸一时，然而鼎盛一百多年后，却每况愈下，最终走向了灭亡。古罗马帝国灭亡的原因究竟是什么呢？

有学者指出，古罗马帝国衰亡于铅中毒，后来考古学家发掘古罗马人的墓穴时，发现他们的遗骨中含有大量的铅。这证实了学者们的观点不无道理。

在古罗马时代，由于铅很软，易加工，所以铅制品作为一种高贵和富有的标志，深受人们的喜爱。古罗马贵族们普遍使用铅制器皿、餐具和含铅化妆品，还特别喜欢喝含铅的葡萄汁。

当时，他们在制作琥珀般的葡萄汁时，总把葡萄放在铅锅或内壁镶有铅的锅中熬煮，熬煮的时间还特别长，直到汁水只剩原来的三分之一时才停火。这种葡萄汁特别香甜且不易腐败，但含铅量严重超标。

这些含铅物品的大量使用，使许多人因铅中毒而死亡。同时，古罗马帝国所拥有的以铅制水管为基础而建成的给排水系统，则使平民也未能逃脱铅中毒的厄运。

然而，这一切，古罗马人却一无所知。

知识链接

铅是一种严重危害人类健康的重金属元素，它可以影响神经、造血、消化、免疫、骨骼等各类器官。更为严重的是，它影响婴幼儿的生长和智力发育、神经行为和学习记忆等脑功能，严重的可造成痴呆。

发生铅中毒时会出现便秘、腹绞痛、贫血等症状。

玩一玩

往第一个玻璃杯里加入半杯水，然后放进去一个生鸡蛋。看有什么现象发生？往第二个玻璃杯里加入半杯醋，然后放进去一个生鸡蛋。几分钟后有什么现象？两天后，看看两个杯中的鸡蛋有什么变化？

观察结果

第一个玻璃杯中的鸡蛋沉入水底；第二个玻璃杯中的蛋壳上有气泡产生。数分钟后，鸡蛋浮了上来。两天后，第二个玻璃杯中的蛋壳变软，蛋膜裹着鸡蛋。

因为，第一个杯中生蛋的密度比水大，所以会下沉；第二个杯中，醋酸和蛋壳中的碳酸钙发生化学反应，生成了二氧化碳气体，所以会看到有气泡产生。蛋壳中的碳酸钙被完全反应掉，蛋壳就会变软了。

19.荧荧之火

晋代的车胤从小爱读书，由于家里穷，买不起灯油，晚上就不能看书了。在一个夏夜，他看到空中萤火虫飞来飞去，很受启发，于是就捉了好多萤火虫，装入了一个薄薄的白布袋中，他就借着萤火虫的微光捧书苦读。

夏天的夜晚，生活在农村的人会看见棉花地里一闪一闪的，那便是萤火虫发出的光。

那么，萤火虫为什么会发光呢？

原来，萤火虫体内含有一种很不寻常的化合物，被称为“荧光素”。通常情况下，它独立存在着；不过，在萤火虫体内还存在着一种被称作“荧光素酶”的物质，使得荧光素很容易与三磷酸苷（ATP）的一个分子产生作用。ATP这种物质存在于所有生命细胞中，从细菌细胞到人体细胞都有。

知识链接

ATP是一种"高能"化合物，它在细胞中的功能是给需要能量的地方传输一些能量。

当ATP给荧光素分子传输一些能量后，这一分子就变为一个略有不同的分子，叫"氧化荧光素"。以这种方式接收了能量的氧化荧光素是很不稳定的，它有极强的倾向要释放额外的能量，而几乎会立刻复原为更为稳定的、能量更低的荧光素。

往细口玻璃瓶中倒半瓶醋，并加入锌片，把气球套在瓶口，并用橡皮筋扎紧。仔细观察气球的变化。

观察结果

瓶内有气泡产生，气球体积逐渐增大。

这是因为食醋和锌片发生化学反应，产生了氢气。